EWALD WEBER

Lieblings BÄUME

40 ARTEN, DIE DICH ZUM STAUNEN BRINGEN

KOSMOS

INHALT

Liebe Leserin, lieber Leser,

Können wir uns eine Welt ohne Bäume und Wälder vorstellen? Wohl kaum. Bäume haben seit jeher eine große Bedeutung für die Menschen. Ja, die gesamte Menschheitsgeschichte ist mit Bäumen eng verwoben. Aus Holz bauten die Menschen Häuser und Segelschiffe, Geräte und Kutschen. Ohne Bäume als Lieferant von Brennholz und Baumaterial wäre die Industrialisierung nicht möglich gewesen.

Bäume sind nicht nur die größten Pflanzen, sie gehören zu den größten Lebewesen überhaupt. Kaum ein anderer Organismus erreicht eine Länge von über 100 Meter oder ein Gewicht von 2000 Tonnen wie die Mammutbäume Kaliforniens. Oder wird Tausende von Jahren alt wie gewisse Baumarten. Das macht Bäume so einzigartig – eine uralte Eiche mit knorrigem Wuchs löst Bewunderung und Ehrfurcht aus.

Auch heute sind Bäume und Wälder wichtiger denn je. Wälder sind wertvolle Erholungsräume, regulieren das Klima und filtern Staub aus der Luft, Bäume nehmen Kohlendioxid (CO_2) auf und binden es in ihrer Biomasse sowie im Boden – auf diese Weise entziehen sie es der Atmosphäre für lange Zeit.

Unsere einheimischen Bäume bilden eine bunte Gruppe ganz unterschiedlicher Arten und Lebensweisen. In Gärten und Parks wachsen zudem zahlreiche Zierbäume aus anderen Ländern. Jede Baumart hat ihre Besonderheiten und eine spannende Naturgeschichte.

Mit der kleinen Auswahl im vorliegenden Buch möchte ich dir die ganze Vielfalt der Baumarten etwas näherbringen. Viele unserer heimischen Bäume kannst du sehr leicht an den Blättern und der Rinde erkennen. Es macht schließlich einen großen Unterschied, ob man bei einem Waldspaziergang eine Eibe oder einen Spitz-Ahorn erkennt und ihn von einer Eiche unterscheiden kann.

Viel Spaß beim Lesen wünscht
Ewald Weber

DIE GRÖSSTEN PFLANZEN

Bäume gehören zu den wichtigsten und auffälligsten Pflanzen auf der Erde. Von den rund 350 000 verschiedenen Pflanzenarten weltweit sind etwa 58 000 Arten Bäume. Die meisten Baumarten wachsen in den Tropen, wo die Artenvielfalt generell am höchsten ist. In einem tropischen Regenwald stehen viele verschiedene Baumarten nahe beisammen, während in den höheren Breitengraden ein Wald nur aus wenigen Arten besteht. In Skandinavien und Russland ist dies beispielsweise die Fichte, die den riesigen Nadelwaldgürtel bildet.

Bäume sind der Höhepunkt der pflanzlichen Stammesgeschichte, sie sind die größten und langlebigsten Pflanzen. So erreicht der Küsten-Mammutbaum Kaliforniens mehr als 100 Meter Höhe und gewisse Kiefernarten nordamerikanischer Gebirge werden über 4000 Jahre alt. Bäume sind für die Natur und für uns Menschen von größter Bedeutung. Ohne Bäume gäbe es keinen Wald und viele Pflanzen- sowie Tierarten könnten gar nicht existieren. Außerdem sind viele Baumarten für uns wichtige Nutzpflanzen.

Was ist ein Baum?

Die Frage ist gar nicht so leicht zu beantworten. Natürlich besteht ein Baum aus Holz, doch das gilt auch für Sträucher und so manche verholzende Staude. Vereinfacht gesagt, ist ein Baum

Mammutbäume wachsen in Kalifornien und sind die größten Bäume der Welt.

eine Holzpflanze mit Stamm und Krone. Der Stamm trägt im unteren Bereich meist keine Äste, er steht gerade und setzt sich deutlich von der Krone mit dem Laub ab. Der Stamm bleibt zeitlebens erhalten. Ein typischer Baum hat somit eine einzige Achse, und das unterscheidet ihn von den Sträuchern. Ein Strauch ist kleiner und besteht aus mehreren Achsen, aus mehreren dünnen Stämmen. Eine zentrale Hauptachse fehlt. Nun gibt es aber viele Ausnahmen – manche Baumarten können mehrstämmig sein oder strauchförmig wachsen, und so mancher Strauch kann sich zu einem kleinen Baum entwickeln. Der Übergang von Baum zu Strauch ist fließend.

Eine einzeln stehende Rot-Buche mit breiter Krone.

Bäume haben viele Gesichter

Die Gestalt von Bäumen ist je nach Art und Standort ganz verschieden. Die Umgebung hat einen großen Einfluss auf das Erscheinungsbild eines Baumes. Die Wald-Kiefer zeigt dies besonders gut: Einerseits wächst sie als kerzengerade und hohe Stange im Wald oder in einem Kiefernforst, andererseits als krummwüchsiger Baum an Felsen. Eine solche Flexibilität in der Erscheinungsform ist für Pflanzen typisch, denn sie richten ihr Wachstum nach den vorherrschenden Bedingungen. Einzeln stehende Buchen entwickeln weit ausladende Äste, während sie in einem Wald mit vielen Nachbarn schlank und hoch werden.

Im Wald wächst die Rot-Buche als schmaler Baum, der erst in der Höhe Äste bildet.

WARUM WIR BÄUME BRAUCHEN

Ohne Bäume hätten wir kein Bauholz, kein Obst und keine Schattenspender. Wir könnten ohne Bäume gar nicht leben, und möglicherweise wäre der *Homo sapiens* ohne Bäume gar nicht entstanden. Zumindest wäre die Menschheitsgeschichte ganz anders verlaufen. Ohne Bäume hätten die Menschen keine Segelschiffe bauen und die Welt erobern können, sie hätten keine Werkzeuge herstellen und Häuser errichten können.

Viele Baumarten sind wichtige Nutzpflanzen, die weitaus mehr als Holz und Früchte liefern. Unter ihnen befinden sich Heilpflanzen wie der Chinarindenbaum, aus dessen Rinde schon früher ein wichtiges Malariamittel gewonnen wurde, das Chinin. Gewürze wie Zimt, Muskatnüsse und Gewürznelken stammen von Bäumen. Viele exotische Baumarten wachsen zudem als Zierbäume in Parks, an Straßen und in Gärten. Sie tragen zur Luftverbesserung in Städten bei, weil sie Staub herausfiltern und für Kühlung sorgen.

Wildbäume und Kulturbäume

Wie bei den Blumen gibt es auch bei den Bäumen wild wachsende Arten und Arten, die nur in Kultur gehalten werden. Letztere umfassen Ziergehölze und Nutzbäume, die entweder aus anderen Ländern stammen oder züchterisch veränderte Kultursorten darstellen. Vom Apfel gibt es beispielsweise zahlreiche Sorten, die durch die Kreuzung verschiedener Wildarten

 Holz ist der älteste, wichtigste und vielseitigste Baustoff der Menschen.

Bäume liefern aber nicht nur Baumaterial, sondern auch Nahrungsmittel wie Obst und Nüsse.

und durch Auslese entstanden sind. Die wild wachsenden Bäume gehören zur heimischen Flora und bilden die natürlichen Wälder. Einige fremdländische Arten konnten verwildern und sich unter die heimischen Bäume mischen.

Laubbäume und Nadelbäume

Ein Baum gehört entweder zu den Laubbäumen oder zu den Nadelbäumen. Stammesgeschichtlich betrachtet sind das zwei ganz verschiedene Entwicklungslinien, die auch zu unterschiedlichen Zeiten entstanden sind.

Alle Laubbäume zählen zu den modernen Blütenpflanzen, die erst vor rund 140 Millionen Jahren aufkamen. Ihre Blätter sind breit und flächig.

Nadelhölzer oder Koniferen hingegen gibt es schon seit rund 350 Millionen Jahren. Sie hatten ihre größte Entfaltung vor dem Aufkommen der modernen Blütenpflanzen und viele Arten sind bereits wieder ausgestorben. Daher existieren heute nur etwa 900 Arten an Nadelbäumen, der Rest der Baumarten fällt auf die modernen Blütenpflanzen.

Nadelhölzer tragen nadel-förmige oder schuppenförmige Blätter und ihre Blüten sind unauffällig. Sie werden vom Wind bestäubt, während es bei den Laubbäumen wind- und tierbestäubte Arten gibt.

VOM BAUM ZUM WALD

Die größte Bedeutung der Bäume liegt darin, dass sie Wälder aufbauen – faszinierende Lebensräume mit vielen Pflanzen und Tieren. Manche Tiere leben in den Baumkronen, wie etwa Eichhörnchen und viele Vögel. In anderen Ländern klettern Affen, Baumkängurus, Faultiere, Koalas und viele weitere Arten in den Bäumen herum.

Das Blätterdach sorgt dafür, dass nur wenig Licht auf den Boden fällt. Auf einem Waldboden wachsen daher Pflanzenarten, die Schatten ertragen.

In einem Wald ist es kühl, der Boden bleibt feucht, und er stellt einen ganz anderen Lebensraum dar als eine Wiese oder ein Uferröhricht.

Die Wälder der Erde beeinflussen maßgeblich das Klima, da Bäume sehr viel Wasser verdunsten und so zur Wolkenbildung beitragen. Bäume nehmen zudem viel Kohlendioxid auf und bauen es im Holz ein. Dadurch wirken alte und große Bäume als Kohlenstoffspeicher – sie entziehen der Atmosphäre das Treibhausgas, und solange der Baum nicht verrottet oder verbrannt wird, bleibt die Menge an aufgenommenem CO_2 gespeichert. Daher ist das Erhalten urwüchsiger Wälder mit

 Wald ist nicht gleich Wald. Ein Fichtenwald sieht anders aus als ein Laubwald.

vielen alten Bäumen so wichtig, ebenso das Aufforsten. Bäume zu pflanzen ist sinnvoll, sie sollten dann aber auch alt werden dürfen, damit sie möglichst lange CO_2 aufnehmen können.

Baum- und Waldvielfalt

Je nach vorherrschender Baumart zeigt ein Wald ein ganz anderes Bild. Unsere Laubwälder bestehen aus sommergrünen Bäumen, die im Herbst das Laub abwerfen und im Winter kahl dastehen. Fichtenwälder hingegen bleiben das ganze Jahr über grün. Forstwissenschaftler unterscheiden Dutzende verschiedener Waldtypen, je nach Höhenlage und den lokalen Verhältnissen. Diese bestimmen, welche Baumarten wachsen können. In den gemäßigten Zonen wachsen nur wenige Baumarten in einem Wald. Die höchste Baumvielfalt gibt es in den tropischen Regenwäldern.

Ein Laubwald verändert sein Aussehen im Laufe eines Jahres und besteht meist aus verschiedenen Baumarten.

Bäume und Naturschutz

Mit jedem Stück gerodeten Waldes verschwindet ein Teil des so wichtigen Lebensraums. Viele Baumarten vor allem tropischer Gegenden sind vom Aussterben bedroht; weltweit sind es rund ein Drittel aller Baumarten.

142 Baumarten sind in historischer Zeit ausgestorben. Wichtigster Grund sind Waldrodungen für Landwirtschaft und Holzgewinnung. Schutzgebiete spielen für den Erhalt von Wäldern eine wichtige Rolle, aber auch die Bestrebungen vieler botanischer Gärten, Baumarten zu kultivieren und in ihren natürlichen Lebensräumen wieder anzusiedeln.

Die Baum- und die Waldvielfalt müssen erhalten bleiben, denn sie tragen zu einer gesicherten Zukunft für uns Menschen bei.

BÄUME KENNENLERNEN

Die Rot-Buche. Die Blüten (links) und die Früchte (rechts), bekannt als Bucheckern

In Deutschland zählen über 50 heimische Pflanzenarten zu den Bäumen, hinzu kommen Dutzende von Straucharten. Das Bestimmen ist nicht immer einfach, und es braucht ein Werk, das alle Baumarten aufführt.

Für das Bestimmen einer Baumart sind verschiedene Merkmale wichtig. Die Gestalt und Größe von Blättern oder den Nadeln sind wichtige Merkmale, ebenso die Beschaffenheit der Borke, die äußerste Schicht der Rinde. Ist sie glatt oder tief gefurcht, oder blättert sie in dünnen Streifen ab? Stehen Blüten zur Verfügung, ist das Bestimmen noch einfacher. Oft aber verstecken sich die Blüten weit oben im Blätterdach und sind kaum zugänglich.

Die beiden Gruppen Koniferen und Laubbäume lassen sich leicht voneinander unterscheiden. Koniferen sind entweder Nadelbäume oder Bäume mit schuppenartigen Blättchen, die den Zweigen eng angeschmiegt anliegen. Laubbäume haben Blätter, die eindeutig flächenhaft gestaltet sind.

Die Blätter (links) und die Borke (rechts)

Blätter und Blüten

Ein Blatt kann aus nur einer Fläche bestehen (einfaches Blatt), oder es setzt sich aus mehreren Teilblättern zusammen (gefiedertes oder gefingertes Blatt). Sitzen die Teilblätter an einer langen Achse, sind sie gefiedert. Ein paarig gefiedertes Blatt hat eine gerade Anzahl an Teilblättern, ein unpaarig gefiedertes Blatt hat ein zusätzliches Teilblatt am oberen Ende der Achse. Entspringen die Teilblätter alle einem Punkt, ist das Blatt handförmig gefingert. Ein Blatt oder Teilblatt kann auch nur eingeschnitten sein, die Form reicht von rundlich bis zu lang und schmal.

Einige Laubbäume wie Birken werden vom Wind bestäubt und bilden unscheinbare Blüten. Farbige Blüten werden hingegen von Insekten bestäubt, ihre Größe ist sehr unterschiedlich. Die Blüten können wie bei einer Magnolie einzeln am Zweig stehen oder in Gruppen vereint sein, dann bilden sie einen Blütenstand wie bei der Robinie.

DIE BAUMPORTRÄTS

Für dieses Buch habe ich Baumarten ausgewählt, die ich besonders spannend finde und die mir besonders gut gefallen, sei es wegen ihrer Gestalt oder wegen ihrer Lebensweise. Jede Auswahl ist willkürlich: Ich habe mich auf Baumarten beschränkt, die bei uns entweder heimisch sind oder oft in Gärten und Parks angetroffen werden können. Die Auswahl soll die ganze Vielfalt an Bäumen veranschaulichen, die Arten habe ich verschiedenen Gruppen zugeordnet. Jede Baumart weist ihre Besonderheiten auf. Es lohnt sich, die Bäume einmal ganz genau anzuschauen. Manche Bäume fallen wegen ihrer Blüten auf, andere wegen ihrer Rinde oder ihren Blättern.

Deutscher und wissenschaftlicher Artname

GEWÖHNLICHE ROSSKASTANIE

Das Dach der Biergärten

Aesculus hippocastanum
Seifenbaumgewächse *(Sapindaceae)*

Von den prächtigen Blütenkerzen abgesehen, wartet der Baum mit großen, handförmig geteilten Blättern auf. Die Rosskastanie fehlt in keinem Biergarten und spendet mit seinem dichten Laub angenehmen Schatten. Ihre Heimat liegt im Balkan, doch bereits im 16. Jh. kam sie nach Mitteleuropa und wird seither in Parks und als Straßenbaum gepflanzt. Bei vielen Exemplaren der Gewöhnlichen Rosskastanie zeigen die Blätter helle Flecken und vertrocknen vorzeitig. Grund sind die winzigen Larven der Kastanien-Miniermotte, die sich seit 1984 in Europa ausbreitet.

Textteil mit viel Wissenswertem

Wer kennt sie nicht? Glänzende Kastanien mit ihren stacheligen Hüllen.

breite Krone

sehr dichtes Laub

auffällige Blütenkerzen

56

Wichtige Fakten zu Größe, Aussehen, Blütezeit und Lebensräumen, kurz und knapp zusammengefasst

WUCHSFORM sommergrüner Laubbaum • **HÖHE** 15–25 m • **BORKE** hellbraun und zunächst glatt, mit dem Alter in Schuppen aufreißend • **BLÜTEZEIT** Mai–Juni • **BLÄTTER** handförmig geteilt mit 5–7 Teilblättern, diese bis zu 20 cm lang • **BLÜTEN** weiß, mit gelber, später roter Zeichnung, in aufrechten Blütenständen, diese bis zu 30 cm lang • **FRÜCHTE** stachelige Kapselfrucht, grün, bis zu 6 cm breit, mit 1–3 glänzend rotbraunen Samen • **VORKOMMEN** in Parks, Alleen oft gepflanzt

Die einzelnen Baumporträts in diesem Buch folgen einem einheitlichen Aufbau. Oben sind der deutsche und der wissenschaftliche Name angegeben sowie eine Kurzaussage zur jeweiligen Art und die Familienzugehörigkeit. Der Textteil enthält Wissenswertes zum Vorkommen, zur Lebensweise und andere interessante Einzelheiten zur jeweiligen Baumart. Die Fotos stellen den Baum im Bild vor. In den Kreisen sind Anregungen, Beobachtungen oder weitere besondere Einzelheiten aufgeführt. Die Fußzeile liefert die Fakten zu Größe, Aussehen, Blütezeit und Lebensräumen.

Alle diese Angaben helfen beim Erkennen eines Baumes.

Die Fotos porträtieren den Baum im Detail wie im Ganzen.

Anregungen, Beobachtungen oder weitere Einzelheiten

PRÄCHTIGE BLÜTEN

So mancher Baum wartet mit auffallenden und farbenfrohen Blüten auf, die oft auch Nektar bilden und duften. Solche Blüten werden von Insekten besucht. Bei unseren heimischen Bäumen ist dies eher die Ausnahme, weil die meisten von ihnen vom Wind bestäubt werden. Viele prächtig blühende Bäume stammen ursprünglich aus anderen Ländern und werden als Zierbäume gepflanzt.

TULPEN-MAGNOLIE

Große Schalen als Blüten

Magnolia x *soulangiana*
Magnoliengewächse *(Magnoliaceae)*

Die haarigen Schuppen schützen die Blütenknospe vor Frost.

Die großen Blüten auf ausladenden Ästen bieten einen farbenprächtigen Anblick, zumal sie vor den Blättern erscheinen. Der Baum, auch Prunk-Magnolie genannt, verzweigt sich oft dicht über dem Boden und bildet eine riesige Halbkugel. Die Tulpen-Magnolie ist keine Art, sondern ein Hybrid, der 1820 in Frankreich zufällig in einem Garten der französischen Nationalen Gartenbaugesellschaft entstanden ist. Zwei asiatische Arten kreuzten sich und brachten die Tulpen-Magnolie hervor, die seither vermehrt wird und zur häufigsten Magnolie in den Gärten Europas geworden ist.

ausladende Krone

Blüten erscheinen vor den Blättern

schon unten verzweigt

WUCHSFORM sommergrüner Laubbaum • **HÖHE** 5–10 m • **BORKE** graugrün bis graubraun, im Alter runzelig • **BLÜTEZEIT** April–Mai • **BLÄTTER** kurz gestielt, 12–20 cm lang, bis zu 6 cm breit, mit glattem Rand • **BLÜTEN** sehr groß, innen weiß, außen hellrosa • **FRÜCHTE** Sammelfrucht aus spiralig angeordneten Einzelfrüchten, Samen orangerot • **VORKOMMEN** in Parks und Gärten oft gepflanzt

Blicke in eine Blüte hinein: Die **STAUBBLÄTTER** im Innern der Blüte sind in einer Spirale angeordnet, was bei Blütenpflanzen sehr ungewöhnlich ist.

Wer unter einem Tulpenbaum steht, wird die wunderschönen **BLÜTEN** nur schwer zu Gesicht bekommen, da sie sich nach oben hin öffnen.

TULPENBAUM

Ungewöhnliches Farbenspiel

Liriodendron tulipifera
Magnoliengewächse *(Magnoliaceae)*

Die orange und gelbgrün gefärbten Blüten sowie die außergewöhnliche Blattform sind Markenzeichen dieses Baumes, der ursprünglich aus dem östlichen und südöstlichen Nordamerika stammt. Zur Gattung *Liriodendron* zählen nur zwei Arten. Die andere Art, der Chinesische Tulpenbaum *(Liriodendron chinense)*, hat ihre Heimat in China. Die nordamerikanische und die chinesische Art sind Relikte, denn früher waren Tulpenbäume viel weiter verbreitet. Fossilien belegen, dass Tulpenbäume vor etwa 60 Millionen Jahren auch in Mitteleuropa vorkamen.

Viel genutzt

Die amerikanischen Ureinwohner nutzten Stämme des Tulpenbaumes zum Bau von Einbäumen, die Wurzeln als Heilmittel gegen Fieber und Rheuma.

riesige Krone

leuchtende Gelbfärbung im Herbst

eindrucksvoller Wuchs mit oft dicken Ästen

WUCHSFORM sommergrüner Laubbaum • **HÖHE** bis zu 40 m • **BORKE** braunorange bis graubraun, längsrissig • **BLÜTEZEIT** April–Mai • **BLÄTTER** bis zu 18 cm lang und breit, spitz gelappt, langer Stiel • **BLÜTEN** bis zu 5 cm breit, Blütenblätter cremeweiß bis grünlich gelb, am Grund orange • **FRÜCHTE** Sammelfrucht mit zahlreichen Nüsschen, diese bis zu 3,5 cm lang • **VORKOMMEN** Parks, Straßenbaum

GEWÖHNLICHER JUDASBAUM

Der Stammblütige

Cercis siliquastrum
Hülsenfruchtgewächse *(Fabaceae)*

Verwandtschaft
In Nordamerika wächst ein Verwandter, der Kanadische Judasbaum *(Cercis canadensis)* mit kleineren Blüten. Weltweit gibt es elf Arten.

Die rosaroten Blüten erscheinen in dichten Büscheln direkt auf dem Stamm und den Ästen. Eine solche Stammblütigkeit kennt man von vielen tropischen Bäumen. Zur Blütezeit trägt der Judasbaum noch keine Blätter, was ihn zu einem besonders auffallenden Schmuckstück macht. Bienen und andere Insekten suchen die Blüten gern auf. Die Heimat des Baumes sind das östliche Mittelmeergebiet und Kleinasien, in Mitteleuropa wächst er am besten in milden Lagen. In Südeuropa ist er einer der beliebtesten Zierbäume. Der Judasbaum wuchs schon zur Zeit der Antike in vielen Gärten.

Tausende kleiner Blüten im Frühjahr

nierenförmige Blätter mit glattem Rand

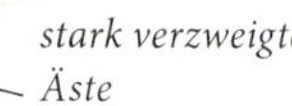

stark verzweigte Äste

WUCHSFORM sommergrüner Laubbaum • **HÖHE** 3–10 m • **BORKE** zunächst rotbraun, im Alter schwarzbraun und rissig • **BLÜTEZEIT** April–Mai • **BLÄTTER** rund bis nierenförmig, bis 11 zu cm lang und breit • **BLÜTEN** rosarote Schmetterlingsblüten, bis zu 2 cm lang • **FRÜCHTE** flache Hülsenfrüchte, 6–15 cm lang, hellbraun • **VORKOMMEN** Parks, Gartenanlagen

Die Blüten des Judasbaumes sitzen **DIREKT AM STAMM** und fallen schon von Weitem auf.

Aus den auffallenden lila Glockenblüten entwickeln sich ei- bis herzförmige **FRÜCHTE**, die oft noch im Winter am Baum hängen.

CHINESISCHER BLAUGLOCKENBAUM

Zweige voller Glocken

Paulownia tomentosa
Paulowniengewächse *(Paulowniaceae)*

Feuerfest
Das leichte Holz des Baumes gilt als schwer entflammbar. In Japan werden daraus traditionell feuersichere Kimonoschränke hergestellt.

Wenn der Blauglockenbaum im Frühjahr seine Blüten öffnet, bietet er einen spektakulären Anblick. Die Zweige sind dann dicht mit den violetten und bis zu sechs Zentimeter langen Glocken besetzt, die voll zur Geltung kommen, weil das Laub zur Blütezeit noch fehlt. Die Blätter erscheinen erst später und fallen wegen ihrer Größe ebenfalls auf. Das natürliche Verbreitungsgebiet des schnell wachsenden Baumes liegt in China, wo er in den tieferen Lagen vorkommt. 1834 wurde der Baum nach Frankreich eingeführt. Als Zierbaum steht er heute in vielen Ländern in Gärten und Parks.

WUCHSFORM sommergrüner Laubbaum • **HÖHE** 5–15 m • **BORKE** hellgrau bis graubraun, eher glatt • **BLÜTEZEIT** April–Mai • **BLÄTTER** lang gestielt, herzförmig, 12–25 cm lang und breit • **BLÜTEN** hell blauviolett, 5–6 cm lang • **FRÜCHTE** eiförmige Kapseln, 3–5 cm lang, mit zahlreichen Samen • **VORKOMMEN** gepflanzt, manchmal verwildert

BLUMEN-ESCHE

Fast wie Flieder

Fraxinus ornus
Ölbaumgewächse *(Oleaceae)*

Schön süß
Der Baumsaft enthält das süß schmeckende Mannitol (in Süditalien wird der Baum deswegen angebaut) daher kommt auch der Name Manna-Esche.

Im Frühjahr öffnen sich Tausende kleiner Blüten in kegelförmigen Blütenständen und verströmen einen intensiven Duft. Wie beim Flieder bestehen die Blüten aus vier Kronblättern. Auffallend sind die vielen Warzen auf der dunkelgrauen bis schwärzlichen Borke. Das natürliche Vorkommen der Blumen-Esche liegt im östlichen Mittelmeergebiet. In der Antike lieferte der Baum Holz für Lanzen und Speere. In Deutschland wird die Blumen-Esche als Zierbaum gepflanzt, auf ehemaligen Weinbergen und an felsigen Stellen milder Gegenden ist sie auch verwildert.

Die geflügelten Früchte werden vom Wind verbreitet.

rundliche Krone

erreicht einzeln stehend stattliche Größen

oft mehrstämmig

WUCHSFORM sommergrüner Laubbaum • **HÖHE** 5–10 m • **BORKE** grau bis dunkelbraun, glatt bis wenig gefurcht • **BLÜTEZEIT** April–Juni • **BLÄTTER** 15–20 cm lang, unpaarig gefiedert mit 5–9 Teilblättern • **BLÜTEN** weiß, in Blütenständen, diese bis zu 10 cm lang und breit • **FRÜCHTE** glänzend dunkelbraun, geflügelt, bis zu 4 cm lang • **VORKOMMEN** felsige Stellen in Südeuropa, besonders auf Kalk, in Mitteleuropa gepflanzt

Die **BLÜTEN** stehen in lockeren Büscheln und duften intensiv. Die **BLÄTTER** sind wie bei der heimischen Esche gefiedert.

SEIDENAKAZIE

Filigrane Blüten

Albizia julibrissin
Hülsenfruchtgewächse *(Fabaceae)*

Die Seidenakazie bildet typische Hülsenfrüchte.

Blühende Seidenakazien bieten einen attraktiven und exotischen Anblick, weil die Blüten aus einer Vielzahl von hell- bis dunkelrosa Staubblättern bestehen. Sie formen pinselartige Büschel an den Zweigen, richtige Kronblätter fehlen. Eine solche Blütengestalt findet man bei vielen Mimosen oder Akazien. Auch die bis zu 30 Zentimeter langen Blätter sind filigran aufgebaut: Jedes Blatt besteht aus unzähligen kleinen Teilblättchen und sieht einem Farnwedel ähnlich. Die Heimat der Seidenakazie reicht von Iran bis ins östliche China.

auffällige, große Blüten

kurzer Stamm mit ausladenden Ästen

WUCHSFORM sommergrüner Laubbaum • **HÖHE** 5–15 m • **BORKE** dunkelgrau, glatt oder etwas rissig • **BLÜTEZEIT** Mai–September • **BLÄTTER** 20–30 cm lang, aus unzähligen Teilblättchen zusammengesetzt • **BLÜTEN** in Blütenständen, Kelch- und Kronblätter klein, Staubblätter 2,5–3,5 cm lang • **FRÜCHTE** flache Hülsenfrüchte, 8–13 cm lang, 1,5–2,5 cm breit, enthält 8–12 Samen • **VORKOMMEN** in Parks und Gärten gelegentlich gepflanzt

Die Teilblättchen klappen nachts zusammen, deshalb heißt der Baum im Persischen „Schabkhosb“, was so viel wie **NACHTSCHLÄFER** bedeutet.

Wenn sich die weißen **HOCHBLÄTTER** im Wind bewegen, wirkt das, als flattere ein Taubenschwarm, daher der Name.

TAUBENBAUM

Der Baum mit den Taschentüchern

Davidia involucrata
Tupelogewächse *(Nyssaceae)*

Besonderes Exemplar
Ein prächtiger Taubenbaum steht im Ohrbergpark in Emmerthal. Der Park gleicht einem englischen Landschaftsgarten.

Man trifft diesen Baum in Mitteleuropa nur selten in botanischen Gärten und Parks an. Er stammt aus dem südlichen China, wo er in feuchten Wäldern wächst. Wenn er blüht und es windet, scheint er mit Papiertaschentüchern zu winken: Die kugeligen Blütenstände am Ende eines langen Stiels sind von zwei weißen Hochblättern umgeben, die sich gegenüberstehen und bis zu 16 Zentimeter lang werden. Deswegen heißt der Baum auch Taschentuchbaum. Die eigentlichen Blüten sind klein und unscheinbar. Der englisch-amerikanische Botaniker Ernest Henry Wilson (1876–1930) brachte den Baum erstmals nach Europa.

Der Baum trägt kugelige Früchte mit vielen Samen.

dicht belaubt

zur Blütezeit zweifarbig

WUCHSFORM sommergrüner Laubbaum • **HÖHE** 15–20 m • **BORKE** rotbraun, mit feinen Längsrissen, sich ablösend • **BLÜTEZEIT** Mai–Juni • **BLÄTTER** herzförmig bis eiförmig, bis zu 15 cm lang, mit langem Stiel • **BLÜTEN** ohne Blütenblätter, in kugeligen Blütenständen, von weißen Hochblättern umgeben • **FRÜCHTE** violett braune Steinfrüchte, eiförmig, 3–3,5 cm lang • **VORKOMMEN** selten gepflanzt

GEWÖHNLICHE ROBINIE

Duftende Blütentrauben

Robinia pseudoacacia
Hülsenfruchtgewächse *(Fabaceae)*

Hartes Holz
Das Holz der Robinie ist beständig und eignet sich für Zaunpfähle. Der anspruchslose Baum wird oft auf schlechten Böden gepflanzt.

Die Robinie stammt aus Nordamerika und kam bereits im 17. Jh. nach Europa. Den ersten Baum hat wahrscheinlich der französische Hofgärtner und Botaniker Jean Robin (1550–1629) in Paris kultiviert. Die zahlreichen weißen, duftenden Blüten bilden reichlich Nektar und werden von Honigbienen aufgesucht. Der Baum verwildert leicht und große Bestände der Robinie werden nicht immer gern gesehen, weil sie andere Baumarten verdrängen. Die Robinie zählt zur selben Familie wie Klee und lebt ebenfalls in Symbiose mit Stickstoff fixierenden Bakterien, die in Wurzelknöllchen untergebracht sind.

rundliche und hohe Krone

kann zu einem mächtigen Baum heranwachsen

Die Hülsenfrüchte enthalten schwarze Samen.

WUCHSFORM sommergrüner Laubbaum • **HÖHE** 15–25 m • **BORKE** hellbraun bis graubraun, tief längsrissig • **BLÜTEZEIT** Mai–Juni • **BLÄTTER** unpaarig gefiedert mit 9–17 elliptischen Teilblättern • **BLÜTEN** weiß, in hängenden Trauben • **FRÜCHTE** flache Hülsenfrüchte, bis zu 10 cm lang, mit schwarzen Samen • **VORKOMMEN** oft gepflanzt, verwildert an Bahndämmen, Straßenböschungen, in Brachen

Man kann es kaum „überriechen“, wenn man unter einer blühenden Robinie steht: Die **BLÜTEN** duften angenehm süßlich.

NEUBÜRGER

So mancher Baum in unseren Wäldern und auf Wiesen gehört gar nicht einer einheimischen Art an, sondern einer verwilderten Art aus fernen Ländern. Diese Neubürger wurden ursprünglich absichtlich als Zier- oder Nutzbaum eingeführt und konnten sich in der freien Natur etablieren. Seither breiten sie sich spontan aus und führen manchmal zu Problemen im Naturschutz. Die Robinie (S. 34) ist ein Beispiel dafür – hier stelle ich noch ein paar weitere Arten vor.

Chinesischer Götterbaum *(Ailanthus altissima)*

Seit 1750 wird dieser ostasiatische Laubbaum in Europa kultiviert. Markenzeichen sind die bis zu 1 m langen Blätter, die sich aus Teilblättern zusammensetzen. Der wärmeliebende Baum erreicht 30 m Höhe und ist in Stadtgebieten oft verwildert, etwa an Bahnanlagen und auf Schuttplätzen. Die geflügelten Früchte werden vom Wind fortgetragen.

1

2

Hanfpalme *(Trachycarpus fortunei)*

Auf der Alpensüdseite trifft man oft diese Palme an, die an den fächerförmigen Blättern sofort zu erkennen ist. Im Tessin ist sie besonders häufig geworden; daher heißt sie auch Tessinerpalme. Sie stammt aus Ostasien. Der deutsche Arzt und Naturforscher Philipp Franz von Siebold brachte die Samen im Jahr 1830 nach Europa.

Essigbaum *(Rhus typhina)*

Die Blätter des Essigbaumes verfärben sich im Herbst flammend rot – im Gegensatz zum Götterbaum. Der Essigbaum oder Hirschkolben-Sumach stammt aus Nordamerika und wird bei uns gern in Gärten und Parks gepflanzt; er wurde bereits im Jahr 1620 eingeführt.

Rot-Eiche *(Quercus rubra)*

Die Blätter dieses Baumes aus dem östlichen Nordamerika sind viel größer als die der einheimischen Eichen und färben sich im Herbst rot. Der Baum wurde 1724 nach Europa eingeführt und galt früher als wichtiger Forstbaum, der auch gern als Straßenbaum gepflanzt wurde. Rot-Eichen verwildern leicht und dringen mancherorts in naturnahe Felsvegetation ein.

5

Douglasie *(Pseudotsuga menziesii)*

Der Nadelbaum aus dem westlichen Nordamerika wird 50–60 m hoch. In Europa wird er seit 1828 forstlich angebaut. Er breitet sich durch Samen spontan aus und besiedelt auch ursprünglich waldfreie Felsstandorte. Im Schwarzwald gilt die Douglasie deshalb als Problempflanze, weil sie durch Beschattung andere Arten verdrängt.

Weymouth-Kiefer *(Pinus strobus)*

Die Heimat dieses Baumes liegt in Nordamerika. Die blaugrünen Nadeln sitzen zu fünft beisammen und sind 5–14 cm lang. Der Baum wurde im 16. Jh. nach Europa eingeführt und zunächst forstlich gepflanzt. Wegen Schäden eines aus Nordamerika eingeschleppten Pilzes rentierte sich der Anbau jedoch nicht.

AUSSER-GEWÖHNLICHE BORKE

Zeige mir deine Borke und ich sage dir, wer du bist. Die Borke ist die äußerste Schicht der Rinde. Sie ist bei jeder Baumart anders gestaltet. Viele Bäume lassen sich an der Borke erkennen. Bei manchen ist sie glatt, bei einigen tief gefurcht und rissig, bei anderen wiederum schält sie sich in dünnen Lappen ab. Viele Baumarten zeigen in der Jugend eine andere Borke als ältere Exemplare.

AHORNBLÄTTRIGE PLATANE

Buntgescheckter Stamm

Platanus x *hispanica*
Platanengewächse *(Platanaceae)*

Schönes Holz
Aus dem festen und dunkelbraunen Kernholz werden hochwertige Massivholzmöbel hergestellt. Das helle Splintholz ist für Intarsien beliebt.

Wie die Tulpen-Magnolie (S. 20) ist dieser Baum ein Hybrid. Bereits um 1650 entstand er durch Kreuzung einer amerikanischen und einer europäisch-asiatischen Art. Beide Elternarten wachsen in Auen. Der winterharte Baum ist sehr robust, durch Abgase verschmutzte Luft und verdichtete Böden machen ihm nichts aus. Daher wird er gern in Städten gepflanzt. Die Blätter sehen denen eines Ahorns ähnlich. Die Borke blättert mit zunehmendem Alter in dünnen Platten ab, was dem Stamm sein fleckiges Aussehen verleiht. In neuerer Zeit verwildert die Ahornblättrige Platane in Auenwäldern und an Ufermauern.

oben: Die Platane bildet kugelförmige, stachelige Fruchtstände.

links: Die Borke bildet ein „Tarnmuster" aus Grau-, Grün- und Beigetönen.

WUCHSFORM sommergrüner Laubbaum • **HÖHE** 6–40 m • **BORKE** glatt, sich in Schuppen ablösend • **BLÜTEZEIT** Mai • **BLÄTTER** gestielt, bis zu 20 cm lang, handförmig geteilt, mit 5–7 Lappen • **BLÜTEN** klein, weibliche in karminroten, kugeligen Blütenständen, männliche grün in kleineren Blütenständen • **FRÜCHTE** stachelig, kugelig, bis zu 4 cm breit, mit vielen Nüsschen • **VORKOMMEN** als Park- und Straßenbaum oft gepflanzt, in Auen und an Ufern gelegentlich verwildert

breite Krone
dichtes Laub
gerader
Stamm

HÄNGE-BIRKE

Der Baum in Weiß

Betula pendula
Birkengewächse *(Betulaceae)*

Auffallend ist die weiße Borke, verursacht durch den Farbstoff Betulin, der in der äußeren Rindenschicht eingelagert ist. Man weiß nicht, wozu der Baum eine so helle Rinde bildet. Nur junge Bäume sind ganz weiß, an alten Bäumen tritt im unteren Bereich des Stammes eine schwarze und rissige Rindenschicht hervor. Der raschwüchsige Baum braucht viel Licht. Er besiedelt magere und staunasse Böden, wo andere Bäume Schwierigkeiten haben. Die Blüten stehen in Kätzchen. Da der Baum durch den Wind bestäubt wird, ist die Menge des Blütenstaubs hoch. Birken werden nur 50–80 Jahre alt.

Spezialisierter Schmetterling

Der Birkenspinner bevorzugt die Hänge-Birke für die Eiablage. Die leuchtend grünen Raupen werden bis zu 6 cm lang.

Gelbfärbung im Spätsommer

hängende Zweige

Blätter eiförmig bis dreieckig

Borke schwarzweiß, rissig

WUCHSFORM sommergrüner Laubbaum • **HÖHE** bis zu 25 m • **BORKE** weiß, sich in dünnen Querstreifen ablösend, bei alten Bäumen im unteren Stammbereich aufgerissen • **BLÜTEZEIT** April–Mai • **BLÄTTER** eiförmig bis dreieckig, lang zugespitzt, bis zu 7 cm lang • **BLÜTEN** männliche Kätzchen hängend, 3–6 cm lang, weibliche Kätzchen aufrecht, 1,5–3 cm lang • **FRÜCHTE** geflügelte Nüsschen, 4–5 mm breit • **VORKOMMEN** lichte Laub-/Nadelwälder, Magerweiden, Heiden, Bahngelände, Industriebrachen

BIRKENWÄLDER sind hell und licht. Die Kronen der Birken mit ihren eher kleinen Blättern sind nicht besonders dicht, so fällt Sonnenlicht bis auf den Boden.

weit ausladende Äste
bei einzeln stehenden
Bäumen
runde und breite
Krone
mächtiger Stamm

STIEL-EICHE

Urwüchsig und rissig

Quercus robur
Buchengewächse *(Fagaceae)*

Gallen
Sitzen kirschgroße Kugeln an den Blättern, hat eine Eichengallwespe Eier gelegt. Die Gallen sind der Brutraum für die Larven.

Stiel-Eichen lassen sich an der typischen Blattform mit den runden Einbuchtungen sofort erkennen. Auch die grobe Borke mit tiefen Längsrissen ist ein Markenzeichen. Im Gegensatz zur ähnlichen Trauben-Eiche *(Quercus petraea)* hängen die Früchte der Stiel-Eiche an langen Stielen. Stiel-Eichen können bis zu 1000 Jahre alt werden. Mit ihren krummen und weit ausladenden Ästen bilden sie eindrückliche Baumgestalten. Eichenbäume bieten vielen Insektenarten eine Lebensgrundlage, so manches Insekt ist sogar auf Eichen spezialisiert und von ihnen abhängig.

oben: Die Eicheln hängen an langen Stielen, dafür sind die Stiele der Blätter sehr kurz.

links: Die unverwechselbare Borke der Stiel-Eiche ist grob mit tiefen Längsrissen.

WUCHSFORM sommergrüner Laubbaum • **HÖHE** bis zu 40 m • **BORKE** hellgrau bis graubraun, tief gefurcht und längsrissig • **BLÜTEZEIT** Mai • **BLÄTTER** lappig eingebuchtet, 7–15 cm lang • **BLÜTEN** klein, männliche in hängenden Kätzchen, weibliche in Gruppen von 2–5 • **FRÜCHTE** Eicheln, bis zu 3,5 cm lang, an langen Stielen • **VORKOMMEN** Laubmischwälder der unteren Lagen, auf trockenen bis staunassen Böden

links: Die Borke blättert in langen, dünnen Streifen ab.

rechts: Die Blüten haben keine richtigen Blütenblätter, dafür auffällig viele Staubblätter.

BLAUGUMMIBAUM

Der Australier

Eucalyptus globulus
Myrtengewächse *(Myrtaceae)*

Die glatte und hellbraune bis graue Borke blättert in dünnen Streifen ab, die sich auf dem Boden ansammeln. Das natürliche Verbreitungsgebiet des Baumes umfasst nur Tasmanien und das südliche Victoria Australiens, der Baum wird aber weltweit angebaut. Er wächst rasch, das Holz ist vielseitig verwendbar, von Holzkohle bis zu Fensterrahmen und Haustüren. Das Eukalyptusöl der Blätter ist oft Bestandteil pflanzlicher Medikamente gegen Husten, Grippe und Rheuma. Der Blaugummibaum ist eine von rund 700 Eukalyptusarten, von denen die meisten in Australien vorkommen.

Feuergefahr

Wegen des hohen Gehaltes an ätherischem Öl in den Blättern brennt der Baum leicht und kann gefährliche Waldbrände verursachen.

WUCHSFORM immergrüner Laubbaum • **HÖHE** 20–40 m • **BORKE** hellbraun bis graubraun, glatt, sich in Längsstreifen ablösend • **BLÜTEZEIT** Februar–Juli • **BLÄTTER** an älteren Bäumen schmal und spitz, 15–30 cm lang; an jungen Bäumen kleiner und rundlich • **BLÜTEN** weiß bis cremefarben, viele Staubblätter • **FRÜCHTE** umgekehrt kegelförmig, blaugrau bereift, 15–30 mm lang • **VORKOMMEN** in warmen Ländern oft gepflanzt

hoher, schmaler
Stamm
Zweige und Blätter
hängend
helle Rinde

ROT-BUCHE

Graue Säulen

Fagus sylvatica
Buchengewächse *(Fagaceae)*

Stockwerke

Bei einer einzeln stehenden Buche sind die Äste und Zweige wie in Etagen angeordnet. Dadurch werden die Blätter optimal mit Licht versorgt.

Die Stämme der Rot-Buche sind graue, glatte Säulen, und gerade daran erkennt man den Baum sofort. Nur an sehr alten Bäumen entwickelt sich im unteren Bereich eine etwas rissige Borke. Die Rot-Buche war einst in Mitteleuropa weit verbreitet, wurde aber stark zurückgedrängt. In Buchenwäldern zeigen sich im Frühjahr zahlreiche Frühblüher wie Busch-Windröschen oder Bär-Lauch, die den Boden bedecken und vor dem Laubaustrieb des Baumes blühen. Das dichte Laub der Rot-Buchen erzeugt tiefen Schatten und spendet angenehme Kühle. Die grünlichen Blüten fallen kaum auf und werden vom Wind bestäubt.

einzeln stehende Bäume mit ausladender Krone

dicht belaubt

WUCHSFORM sommergrüner Laubbaum • **HÖHE** 20–40 m • **BORKE** glatt, grau, im Alter zuweilen rissig • **BLÜTEZEIT** April–Mai • **BLÄTTER** eiförmig, bis zu 10 cm lang • **BLÜTEN** männliche Blüten in hängenden Blütenständen, weibliche Blüten aufrecht • **FRÜCHTE** stachelige Fruchtbecher mit 1–2 Bucheckern • **VORKOMMEN** auf guten Böden in Mischwäldern und als Reinbestand

AMERIKANISCHE GLEDITSCHIE

Scharfe Dornen am Stamm

Gleditisa triacanthos
Hülsenfruchtgewächse *(Fabaceae)*

Hart im Nehmen

In den Großstädten Kanadas und der USA sieht man die Gleditschie oft als Straßenbaum, weil sie sehr widerstandsfähig ist.

Was an dem Baum sofort auffällt, sind die langen und manchmal verzweigten Dornen, die direkt dem Stamm und den Ästen entspringen. Die Dornen haben sich als Verteidigung gegen große Pflanzenfresser entwickelt. Die Sorte 'Inermis' ist dagegen dornenlos – bei ihr fehlt dieses charakteristische Merkmal. Der Baum stammt aus dem östlichen Nordamerika, wo er in Laubwäldern wächst. Die großen Früchte bleiben den Winter über am Baum und verleihen ihm auch ohne Laub ein besonderes Aussehen. Wegen der lederartigen Beschaffenheit der Früchte heißt der Baum auch Lederhülsenbaum.

oben: Die Gleditschie wehrt sich mit mächtigen Dornen gegen Fressfeinde.

links: Beim Betrachten der Früchte erkennt man, warum die Gleditschie auch Lederhülsenbaum heißt.

WUCHSFORM sommergrüner Laubbaum • **HÖHE** 15–30 m • **BORKE** rotbraun bis graubraun, längsrissig • **BLÜTEZEIT** Mai–Juni • **BLÄTTER** 15–20 cm lang, unpaarig gefiedert mit eiförmigen Teilblättern, diese bis zu 2 cm lang • **BLÜTEN** grün, unscheinbar, in hängenden Trauben, diese bis zu 8 cm lang • **FRÜCHTE** flache Hülsenfrüchte, rotbraun, bis zu 40 cm lang und 3 cm breit, lederartig glänzend • **VORKOMMEN** als Ziergehölz gepflanzt

lockerer Wuchs
zuweilen
mehrstämmig

BÄUME DES SÜDENS

In Landschaftsgärten, Parks und Städten werden gern Bäume des Mittelmeergebietes gepflanzt, vor allem in wärmeren Gegenden. Die Flora der südlichen Länder und des Mittelmeerraums ist überaus artenreich, jeder Reisende wird die folgenden Bäume schon gesehen haben. Bei den Laubbäumen sind es oft immergrüne Bäume mit lederigen Blättern.

Echter Ölbaum

(Olea europaea)

Dieser Baum ist eine uralte Nutzpflanze, die seit dem 4. Jahrtausend v. Chr. gepflanzt wird. Wegen der Früchte heißt er auch Olivenbaum. Die immergrünen Blätter sind oberseits dunkelgrün und unterseits silbergrau. Alte Bäume weisen einen stark knorrigen Wuchs auf, ein Ölbaum kann über 2000 Jahre alt werden. Die Steinfrüchte sind zunächst grün, werden dann aber schwarzviolett.

Stein-Eiche

(Quercus ilex)

Die Stein-Eiche ist der wichtigste Laubbaum mediterraner Gegenden, der natürlicherweise ganze Wälder bildet und im gesamten Mittelmeerraum vorkommt. Ein großer Teil der ursprünglichen Steineichenwälder wurde gerodet – schöne Bestände finden sich noch in den Lepinischen Bergen in Mittelitalien. Die eiförmigen Blätter haben nicht die typischen buchtigen Einschnitte wie unsere Eichen (S. 44).

Mittelmeer-Zypresse *(Cupressus sempervirens)*

In der Toskana in Italien prägen die schlanken Säulenzypressen die Kulturlandschaft. Die Säulenzypresse ist eine bestimmte Form der Mittelmeer-Zypresse, die aber auch Bäume mit ausgebreiteten Ästen bildet und bis zu 35 m hoch wird. Diese Form wächst vor allem in den Gebirgen des östlichen Mittelmeergebietes.

Pinie *(Pinus pinea)*

Diese Kiefer ist an der weit ausladenden und schirmförmigen Krone gut zu erkennen. Der Baum wächst in den küstennahen Sandgebieten, wird aber auch oft gepflanzt. Die essbaren Samenkerne, die Pinienkerne, spielen in der mediterranen Küche eine wichtige Rolle, besonders auf Sizilien.

Atlas-Zeder *(Cedrus atlantica)*

Der Baum mit bläulich-grünen Nadeln wächst im Atlasgebirge Nordafrikas, wo er ganze Wälder bildet. Wie bei der Lärche sitzen die Nadeln in Büscheln beisammen. Die aufrecht stehenden Zapfen sehen tonnenförmig aus und zerfallen am Baum, um die Samen freizugeben. Die Atlas-Zeder ist vom Aussterben bedroht, da die Bestände stark dezimiert wurden.

Westlicher Erdbeerbaum *(Arbutus unedo)*

Ein immergrüner Laubbaum, der im Westen des Mittelmeerraumes häufig ist. Auffallend ist die dunkelrote Rinde junger Bäume. Die glockenförmigen Blüten verraten die Familie der Erikagewächse. Der kleine Baum trägt orangerote bis dunkelrote Früchte, die an Erdbeeren erinnern. Sie sind essbar, schmecken aber fade. In Portugal wird daraus ein Schnaps namens Medronho hergestellt.

BLATT-KUNSTWERKE

Die Blätter der verschiedenen Baumarten sind in ihrer Gestalt so vielfältig wie die Blüten und Früchte. So mancher Laubbaum trägt große und kunstvoll gegliederte Blätter, während andere einfach gebaute, kleine und unscheinbare Blätter im Kronendach bilden. Der Aufbau eines Blattes hängt stark von der Familienzugehörigkeit des Baumes ab.

GEWÖHNLICHE ROSSKASTANIE

Das Dach der Biergärten

Aesculus hippocastanum
Seifenbaumgewächse *(Sapindaceae)*

Von den prächtigen Blütenkerzen abgesehen, wartet der Baum mit großen, handförmig geteilten Blättern auf. Die Rosskastanie fehlt in keinem Biergarten und spendet mit seinem dichten Laub angenehmen Schatten. Ihre Heimat liegt im Balkan, doch bereits im 16. Jh. kam sie nach Mitteleuropa und wird seither in Parks und als Straßenbaum gepflanzt. Bei vielen Exemplaren der Gewöhnlichen Rosskastanie zeigen die Blätter helle Flecken und vertrocknen vorzeitig. Grund sind die winzigen Larven der Kastanien-Miniermotte, die sich seit 1984 in Europa ausbreitet.

Wer kennt sie nicht? Glänzende Kastanien mit ihren stacheligen Hüllen.

breite Krone

sehr dichtes Laub

auffällige Blütenkerzen

WUCHSFORM sommergrüner Laubbaum • **HÖHE** 15–25 m • **BORKE** hellbraun und zunächst glatt, mit dem Alter in Schuppen aufreißend • **BLÜTEZEIT** Mai–Juni • **BLÄTTER** handförmig geteilt mit 5–7 Teilblättern, diese bis zu 20 cm lang • **BLÜTEN** weiß, mit gelber, später roter Zeichnung, in aufrechten Blütenständen, diese bis zu 30 cm lang • **FRÜCHTE** stachelige Kapselfrucht, grün, bis zu 6 cm breit, mit 1–3 glänzend rotbraunen Samen • **VORKOMMEN** in Parks, Alleen oft gepflanzt

Frisch geöffnete **BLÜTEN** haben einen gelben Fleck – nur sie enthalten Nektar – ältere einen roten. So wissen Bienen genau, wo es etwas zu holen gibt.

Als Blatt zählen nicht die einzelnen Teilblättchen, sondern das ganze **FIEDERBLATT**, das bis zu 35 cm lang werden kann.

GEWÖHNLICHE ESCHE

Riesige Blätter

Fraxinus excelsior
Ölbaumgewächse *(Oleaceae)*

Groß und dick

Die Gewöhnliche Esche ist einer der höchsten Laubbäume Europas und erreicht bis zu 1,7 m Stammdurchmesser. Sie kann 250 Jahre alt werden.

In Auen- und Schluchtwäldern wächst dieser heimische Baum mit den großen Blättern. Er braucht einen nährstoffreichen, feuchten Boden. Sein Verbreitungsgebiet umfasst weite Teile Europas und Kleinasiens. Die Flügelfrüchte bleiben lange am Baum und werden erst bei starken Winden losgerissen. Obwohl die Blüten in erster Linie vom Wind bestäubt werden, holen sich Bienen gern den Pollen. Seit den 1990er-Jahren breitet sich ein aus Ostasien eingeschleppter Pilz aus, der das Eschentriebsterben verursacht. Die Pilzsporen infizieren die Blätter, und der Pilz lässt die Zweige absterben.

rundliche Krone

Rinde hellgrau bis graubraun

WUCHSFORM sommergrüner Laubbaum • **HÖHE** 10–45 m • **BORKE** hellgrau bis graubraun, rissig mit feinen Furchen • **BLÜTEZEIT** April–Mai • **BLÄTTER** bis zu 35 cm lang, unpaarig gefiedert mit 7–13 Teilblättern • **BLÜTEN** unscheinbar, in Büscheln • **FRÜCHTE** geflügelte Nüsse, hellbraun, bis zu 3,5 cm lang • **VORKOMMEN** Auenwälder, feuchte Laubwälder, steinige Hangwälder

SILBER-PAPPEL

Zweifarbiges Laub

Populus alba
Weidengewächse *(Salicaceae)*

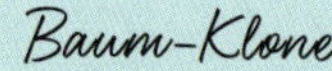

Der Baum bildet ein weitreichendes Wurzelwerk mit vielen Ausläufern, die zu neuen Stämmen werden. Der Baum klont sich selbst.

Eine Silber-Pappel im Wind flackert förmlich auf, wenn die zweifarbigen Blätter hin und her wedeln. Die weißfilzige Unterseite kontrastiert stark mit der dunkelgrünen Oberseite. Auch junge Zweige und Knospen tragen einen dichten Filz. Die Blütenkätzchen erscheinen bereits im März und werden vom Wind bestäubt. Die Samen fliegen ebenfalls mit dem Wind und sind mit einem Haarschopf versehen. Die Rinde ist wie bei der Birke glatt, aber hellgrau bis hellbraun. Das natürliche Verbreitungsgebiet der Silber-Pappel ist riesig und reicht von Europa bis zum Himalaya.

breite, rundliche Krone

stattlicher Baum bei guter Wasserversorgung

WUCHSFORM sommergrüner Laubbaum • **HÖHE** 15–30 m • **BORKE** hellgrau bis hellbraun und glatt, im Alter grauschwarz und rissig • **BLÜTEZEIT** März–April • **BLÄTTER** drei- bis fünflappig, oberseits dunkelgrün, unterseits weißfilzig, 6–12 cm lang • **BLÜTEN** in hängenden Kätzchen, diese 4–8 cm lang, gelbgrün • **FRÜCHTE** kleine Kapseln mit zahlreichen behaarten Samen • **VORKOMMEN** Auwälder, Waldlichtungen

Grüne Oberseite, weißfilzige Unterseite – wenn der Wind durch die **BLÄTTER** der Silber-Pappel weht, entstehen wunderschöne Lichtspiele.

BLASENESCHE

Kunstvolle Blätter

Koelreuteria paniculata
Seifenbaumgewächse *(Sapindaceae)*

Lampionfrüchte
Die zunächst hellgrünen, dann rötlich braunen, aufgeblasenen Früchte erinnern an die Früchte der Kapstachelbeere *(Physalis peruviana)*.

Die Samen sind von einer papierartigen Hülle umgeben.

Der Baum aus China beeindruckt mit seinen großen Fiederblättern, die sich im Herbst gelb bis orangerot verfärben. Im Sommer erscheinen Tausende gelber Blüten in hängenden Blütenständen. Sie werden durch Insekten bestäubt. Die Erstbeschreibung des Baumes erfolgte durch den finnischen Pastor und Forschungsreisenden Erich Gustav Laxmann (1737–1796), der in Russland tätig war. Er benannte die Baumart nach dem deutschen Botaniker und Naturforscher Joseph Gottlieb Kölreuter (1733–1806), der ebenfalls viele Jahre in Russland verbrachte.

wächst eher breit als hoch

meist mehrstämmig

WUCHSFORM sommergrüner Laubbaum • **HÖHE** 10–25 m • **BORKE** zunächst graubraun und glatt, im Alter längsrissig und runzelig • **BLÜTEZEIT** Juli–August • **BLÄTTER** bis zu 35 cm lang, unpaarig gefiedert, bis zu 17 Teilblätter, diese 3–8 cm lang, Rand gesägt • **BLÜTEN** gelb, ca. 1 cm breit, in verzweigten Blütenständen • **FRÜCHTE** 4–5 cm lang, aufgeblasen, mit schwarzen Samen • **VORKOMMEN** in Parks und Gärten gepflanzt

Die **BLÄTTER** der Blasenesche sind gefiedert. Jedes einzelne Fiederblättchen entwickelt dann noch einmal eine kunstvolle Blattform.

Im Herbst hängen die kugeligen, stacheligen **FRÜCHTE** noch grün zwischen den leuchtend roten Blättern.

AMERIKANISCHER AMBERBAUM

Feuerrote Seesterne

Liquidambar styraciflua
Zaubernussgewächse *(Hamamelidaceae)*

Die Heimat dieses Baumes liegt in den südöstlichen USA und in Mittelamerika, wo er häufig in Auwäldern wächst. Wegen der markanten Blätter heißt der Baum auch Seesternbaum. Sie sind hellgrün, wie beim Ahorn handförmig gespalten, und nehmen im Herbst eine gelbe oder orange bis rote Färbung an. Amberbäume tragen so zum „Indian Summer" in den USA bei. Das Holz glänzt seidenartig und ist im Möbelbau begehrt. Der Baum ist ein beliebtes Ziergehölz. Dutzende von Sorten wurden entwickelt, die sich in Blattform und -farbe unterscheiden.

Kaugummibaum

Nach Verletzung des Stammes tritt ein Harz aus *(Styrax)*, das früher in den USA zur Kaugummiherstellung genutzt wurde.

Krone anfangs kegelförmig, dann eiförmig

Äste nach oben gerichtet

graubraune Rinde

WUCHSFORM sommergrüner Laubbaum • **HÖHE** 10–40 m • **BORKE** graubraun, glatt, im Alter aufreißend und gefurcht • **BLÜTEZEIT** März–Mai • **BLÄTTER** handförmig gespalten, mit 5–7 Lappen, 10–20 cm lang und breit, Rand gesägt • **BLÜTEN** unauffällig, in kugeligen Blütenständen, getrenntgeschlechtlich • **FRÜCHTE** kugeliger Verband aus stacheligen Kapseln, 25–40 mm lang • **SAMEN** 8–10 mm lang, flach, geflügelt • **VORKOMMEN** in Parks und in Städten oft gepflanzt

EINHEIMISCHE LAUBBÄUME

Die meisten der heimischen Laubbaumarten Deutschlands lassen sich leicht erkennen. Manche von ihnen beschränken sich auf ein kleines Gebiet, andere sind im ganzen Land verbreitet. Alle sind sie für die natürliche Vegetation von Bedeutung.

Flaum-Eiche *(Quercus pubescens)*

Der Baum wächst nur an warmen, sonnigen und trockenen Hängen wie etwa im Rheintal. Die Blätter tragen unterseits Sternhaare, die einen feinen Flaum bilden.

Winter-Linde *(Tilia cordata)*

Die lang gestielten und im Umriss runden Blätter tragen unterseits in den Winkeln der Blattnerven bräunliche bis rostrote Haarbüschel. Bei der Sommer-Linde *(Tilia platyphyllos)* sind diese hell. Die Blüten riechen nach Honig und sind für Tees begehrt. Sie werden gern von Baumhummeln besucht.

Berg-Ulme *(Ulmus glabra)*

Die Blätter der Ulmen sind an der Ansatzstelle asymmetrisch gestaltet, bei der Berg-Ulme laufen sie in eine Spitze aus und werden bis zu 16 cm lang. Der Baum wächst in schattigen Schluchtwäldern mittlerer Höhenlagen und wird auch oft gepflanzt.

Hainbuche *(Carpinus betulus)*

Der sommergrüne Baum zählt zu den Birkengewächsen. Seine Blätter sind am Rand stark gesägt – das unterscheidet ihn von der Rot-Buche (S. 48). Die Hainbuche kommt in tieferen Lagen vor und bildet zusammen mit Eichen einen Laubmischwald.

Berg-Ahorn *(Acer pseudoplatanus)*

Von allen heimischen Ahornarten ist der Berg-Ahorn mit einer Höhe von 30–40 m der größte. Im Gegensatz zum Spitz-Ahorn (S. 70/71) haben die Blätter des Berg-Ahorns stumpfe Lappen und spitze Buchten. Die gelblichen Blüten erscheinen in hängenden Trauben. Der Baum wächst in mittleren bis höheren Lagen am besten.

Schwarz-Erle *(Alnus glutinosa)*

Die Schwarz-Erle ist ein Baum nasser Standorte, der in Auwäldern und entlang von Bächen wächst. Die weiblichen Blütenstände verholzen und entwickeln sich zu kleinen zapfenförmigen Gebilden, die in der Kranzbinderei gern verwendet werden. Der Baum lebt in Symbiose mit Wurzelbakterien, die den Luftstickstoff binden können.

Zitter-Pappel *(Populus tremula)*

Beim leisesten Wind zittert das Laub dieses Baumes, der auch Espe genannt wird („Zittern wie Espenlaub“). Er kann sich ungeschlechtlich vermehren und bildet dann oft dichte Baumgruppen, die alle einem einzigen Klon angehören. Der Baum wächst in lichten Wäldern und in Gebüschen.

Moor-Birke *(Betula pubescens)*

Im Gegensatz zur Hänge-Birke zeigt die Borke der Moor-Birke keine schwarzen Rauten und die Zweige hängen nicht herab. Junge Zweige sind zudem von feinen Haaren überzogen. Moor-Birken findet man in Bruch- und Moorwäldern, in Weidensümpfen und am Rande von Hochmooren.

VIELFÄLTIGE FRÜCHTE

Die Früchte enthalten die Samen, die für die Ausbreitung des Baums unerlässlich sind. Früchte und Samen sind von Art zu Art ganz unterschiedlich gestaltet. Manche sind fleischig und saftig, andere trocken und verholzt. Das hängt mit der Art der Samenverbreitung zusammen. Saftige Früchte werden meist von Vögeln verzehrt und die Samen andernorts ausgeschieden.

SPITZ-AHORN

Flugsamen

Acer platanoides
Seifenbaumgewächse *(Sapindaceae)*

Flugversuche
Lass eine Fruchthälfte aus großer Höhe fallen und beobachte den Propellerflug. Vergleiche verschiedene Ahornarten. Welche ist die langsamste?

Ahornbäume lassen sich an den Blättern leicht erkennen. Der Spitz-Ahorn hat spitz auslaufende Blätter, im Gegensatz zum Berg-Ahorn (S. 66) mit stumpfen Lappen. Beim Spitz-Ahorn fallen im Vorfrühling die hellgrünen Blütenbüschel sofort auf. Sie erscheinen vor dem Laub und locken viele Insekten an. Die Blüten produzieren reichlich Nektar, der leicht zugänglich ist und sich bei Sonnenschein als glänzende Tröpfchen zeigt. Die geflügelten Früchte drehen sich beim Absinken wie ein Propeller, das verlangsamt den Sinkflug, und die Früchte können bei Wind größere Distanzen zurücklegen.

Typisch: Spitz zulaufende Blätter und runde Einbuchtungen

breite, runde Krone

Tausende hellgrüner Blüten im Frühjahr

reich verzweigt

WUCHSFORM sommergrüner Laubbaum • **HÖHE** bis zu 25 m • **BORKE** grau bis dunkelbraun, längsrissig • **BLÜTEZEIT** April–Mai • **BLÄTTER** handförmig gelappt, meist 5 Lappen, bis zu 20 cm breit, mit langen Spitzen • **BLÜTEN** zu 30–40 in kugeligen Büscheln, gelbgrün • **FRÜCHTE** Spaltfrucht mit 2 geflügelten Teilfrüchten, je bis zu 5 cm lang • **VORKOMMEN** Au- und Schluchtwälder, Laubmischwälder, oft gepflanzt

Alle Ahornarten bilden geflügelte **FRÜCHTE**, die dabei helfen, die Samen möglichst weit vom Mutterbaum wegzutragen.

SÜSS-KIRSCHE

Die heimische Kirsche

Prunus avium
Rosengewächse *(Rosaceae)*

Kerne und Holz

Kirschkerne halten Wärme gut und sind daher als Füllung in Wärmekissen beliebt. Aus dem schön gemaserten Holz werden Möbel angefertigt.

Der Baum ist in unseren Wäldern heimisch, im Frühjahr zieren weiße Blüten die Zweige. Die Blüten erscheinen vor den Blättern. Er heißt auch Vogel-Kirsche, weil die fleischigen, saftigen Früchte von Vögeln und auch Säugern verspeist werden. Säugetiere verdauen das Fruchtfleisch und scheiden die Samen unbeschadet aus, so werden sie verbreitet. Vögel schälen das Fruchtfleisch ab. Die Süß-Kirsche ist Stammform vieler kultivierter Kirschsorten. Auffallend ist die geringelte Rinde.

Aus Verletzungen am Stamm tritt Harz aus – der „Kirschgummi".

weiße Blütenpracht im Frühjahr

Blüten erscheinen vor den Blättern

WUCHSFORM sommergrüner Laubbaum • **HÖHE** 2–25 m • **BORKE** graubraun bis rotbraun, sich in Querstreifen ablösend, mit länglichen Korkwarzen • **BLÜTEZEIT** April–Mai • **BLÄTTER** elliptisch, 5–15 cm lang, mit Spitze, Rand grob gesägt • **BLÜTEN** weiß, 2–3 cm breit • **FRÜCHTE** rot, kugelig, 1–2,5 cm breit, an langen Stielen • **VORKOMMEN** Laubmischwälder, Waldschläge, Hecken

Alle Süß-Kirschen-
sorten stammen von der
Vogel-Kirsche ab.
Die **WILDFORM** hat dabei
viel kleinere Früchte als
die Kultursorten.

Die **FRUCHTHÜLLEN** der Esskastanien sind extrem stachelig Man kann sie mit bloßen Händen kaum anfassen.

ESSKASTANIE

Außen stachelig, innen wertvoll

Castanea sativa
Buchengewächse *(Fagaceae)*

Ganz schön alt

Auf Sizilien steht in der Nähe der Stadt Sant'Alfio ein mächtiger Esskastanien-Baum, dessen Alter auf rund 2000 Jahre geschätzt wird.

Die Früchte der Esskastanie sind ganz schön wehrhafte, stachelige Gebilde, aber die Nüsse darin sind in gerösteter Form als „Maronen" sehr lecker und beliebt. Die Heimat der Esskastanie oder Edelkastanie ist wahrscheinlich das südwestliche Asien. Für die Römer waren die Früchte des Baums ein Grundnahrungsmittel, und sie brachten ihn nach Mitteleuropa. Vor dem Anbau der Kartoffel waren die stärkereichen Früchte von großer Bedeutung. Wegen der großen Blätter und der langen Blütenkerzen macht sich die Esskastanie auch gut als Ziergehölz.

breite Krone

männliche Blüten in langen Kätzchen

WUCHSFORM sommergrüner Laubbaum • **HÖHE** 20–30 m • **BORKE** grau bis dunkel graubraun, längsrissig und gefurcht • **BLÜTEZEIT** Juni • **BLÄTTER** 12–25 cm lang, lanzettförmig, Rand dornig gezähnt • **BLÜTEN** klein, gelbgrün, männliche in aufrechten Blütenständen, diese bis zu 15 cm lang, weibliche in kleinen Büscheln • **FRÜCHTE** dunkelbraun, glänzend, von einem stacheligen Fruchtbecher umgeben • **VORKOMMEN** als Nutz- und Zierbaum gepflanzt

GEWÖHNLICHER TROMPETENBAUM

Lange Stangen

Catalpa bignonioides
Bignoniengewächse *(Bignoniaceae)*

Der prächtige Baum mit großen Blättern und vielen weißen Blüten stammt aus dem südöstlichen Nordamerika, wo er in Flussauen und Laubwäldern wächst. Am auffallendsten aber sind die Früchte: Bis zu 40 Zentimeter lange, schmale Stangen hängen in Gruppen von den Zweigen. Daher heißt der Baum auch Zigarrenbaum. Solche Früchte sind ungewöhnlich und erinnern stark an gewisse tropische Bäume wie Kassien. Einzeln stehende Bäume entwickeln eine breit ausladende, unregelmäßig geformte Krone. Der anspruchslose und trockenresistente Baum wird als „Klimawandelgehölz" diskutiert und deshalb vielleicht vermehrt gepflanzt.

Der Trompetenbaum hat auch wunderschön gezeichnete weiße Blüten.

WUCHSFORM sommergrüner Laubbaum • **HÖHE** 8–18 m • **BORKE** grau bis graubraun, im Alter mit feinen Rissen und Furchen • **BLÜTEZEIT** Juni–Juli • **BLÄTTER** breit herzförmig, etwa 20 cm lang, gestielt • **BLÜTEN** weiß, innen mit gelben und purpurnen Zeichnungen, 3–5 cm lang • **FRÜCHTE** Kapselfrucht, braun, 20–40 cm lang, 5–10 mm breit • **SAMEN** geflügelt, flach, an den Enden mit Haarbüschel • **VORKOMMEN** in Parks, Gärten und als Straßenbaum gepflanzt

In den lang gestreckten **FRÜCHTEN** befinden sich zahlreiche Samen, die längliche Flügel tragen und so gut vom Wind verbreitet werden können.

Schaut man sich die **FRUCHT** von außen genauer an, kann man die Verwandtschaft zur Maulbeere erkennen.

MILCHORANGE

Eine Geisterfrucht

Maclura pomifera
Maulbeergewächse *(Moraceae)*

Gute Abwehr
Der dornentragende Baum wurde in Amerika früher als Weidezaun gepflanzt und soll Vorbild für die Erfindung des Stacheldrahtes gewesen sein.

Dieser Baum aus dem Südosten der USA bildet merkwürdige Früchte. Sie werden etwa so groß wie Orangen und sind gelbgrün, die Oberfläche ist stark runzelig. Eine Theorie besagt, dass die Früchte vor vielen Tausend Jahren von längst ausgestorbenen Tierarten gefressen wurden, die so die Samen verbreitet hatten. Zu solchen Großherbivoren gehörten das Präriemammut, Mastodons und Riesenfaultiere. Heute fallen die Früchte vom Baum und verrotten größtenteils. Sie sind „Geisterfrüchte", weil die samenausbreitenden Tiere fehlen. Nur Grauhörnchen beißen die Kugeln auf und knabbern die Samen.

Schneidet man die Frucht auf, sieht man, dass sie nichts mit einer echten Orange zu tun hat.

lockerer Wuchs

WUCHSFORM sommergrüner Laubbaum • **HÖHE** 3–18 m • **BORKE** rotbraun, längsrissig und tief gefurcht • **BLÜTEZEIT** April–Juni • **BLÄTTER** herz- bis eiförmig, gestielt, bis zu 17 cm lang • **BLÜTEN** klein, gelbgrün, weibliche Blüten in kugeligen Blütenständen, männliche Blüten in hängenden Trauben • **FRÜCHTE** kugelig, hellgrün, 7–12 cm Durchmesser, runzelig • **VORKOMMEN** gelegentlich als Straßenbaum und in Parks gepflanzt

ECHTE WALNUSS

Vielseitig verwendbar

Juglans regia
Walnussgewächse *(Juglandaceae)*

Der Walnussbaum ist seit der jüngeren Steinzeit eine Kulturpflanze, deren natürliches Verbreitungsgebiet vom östlichen Mittelmeer bis zum Himalaya reicht. Die großen Früchte fallen zunächst direkt vom Baum. Eichhörnchen, Eichelhäher, Saatkrähen und andere Tiere sammeln die Samen für ihre Vorräte. Vergessene Samen tragen dann zur Ausbreitung des Baumes bei. Walnussbäume liefern nicht nur die wertvollen Nüsse, auch das Holz ist für den Möbelbau begehrt. Das Walnussöl aus den Samen ist ein hochwertiges Pflanzenöl, das früher auch für die Ölmalerei benutzt wurde.

Aus den kleinen, unscheinbaren, weiblichen Blüten entstehen die großen Nüsse.

Nussknacker

Krähen haben gelernt, die Nüsse zu knacken: Sie lassen sie aus großer Höhe auf harte Böden wie Pflastersteine oder Asphalt fallen.

WUCHSFORM sommergrüner Laubbaum • **HÖHE** 5–25 m • **BORKE** zunächst grau und glatt, später dunkler und längsrissig • **BLÜTEZEIT** Mai • **BLÄTTER** unpaarig gefiedert mit 7–9 Teilblättern, diese bis zu 15 cm lang • **BLÜTEN** unscheinbar, männliche Blüten in hängenden Kätzchen, weibliche Blüten an den Enden der Zweige • **FRÜCHTE** kugelig, 4–5 cm breit, mit grüner Schale, mit einer Nuss • **VORKOMMEN** feuchte Wälder, Hecken, oft gepflanzt

In den grünen **FRUCHTHÜLLEN** sitzen die Nüsse. Der Saft der Fruchthüllen färbt die Finger braun und wird auch zum Gerben (von Leder) und Färben (von Stoffen) verwendet.

Wie Watte wirken die feinen weißen Haare, die die **SAMEN** umgeben und dafür sorgen, dass sie vom Wind weite Strecken getragen werden.

SILBER-WEIDE

Watte auf dem Wasser

Salix alba
Weidengewächse *(Salicaceae)*

Holzschuhe
Früher wurden die Sohlen der schwedischen Holzschuhe (Clogs oder Klotschen) aus dem Holz der Silber-Weide gefertigt.

Von den über 50 Arten an einheimischen Weiden ist die Silber-Weide die größte. An Flussufern fällt schon von Weitem das helle und silbrig schimmernde Laub des majestätischen Baumes auf. Junge Silber-Weiden wachsen sehr rasch und können jedes Jahr zwei Meter an Höhe zulegen. Das Holz bleibt weich, daher bilden Weiden die Weichholzauen entlang von Gewässern. Sie stabilisieren das Ufer und mildern die Auswirkungen von Hochwasserereignissen. Zur Fruchtzeit fliegen die Samen wie Watte durch die Luft und sammeln sich auf dem Wasser.

Die Rinde hat tiefe Längsrisse.

reich verzweigt

WUCHSFORM sommergrüner Laubbaum • **HÖHE** bis zu 30 m • **BORKE** hellgrau bis dunkelgrau, längsrissig • **BLÜTEZEIT** April–Mai • **BLÄTTER** 5–12 cm lang, schmal, unterseits silbrig seidig behaart • **BLÜTEN** unscheinbar, in 4–6 cm langen Kätzchen • **FRÜCHTE** kleine Kapselfrucht, mit langen, weißen Haaren • **VORKOMMEN** Fluss-, Bach- und Seeufer, zeitweilig nasse oder überflutete Ufer- und Auwälder

OBSTBÄUME

Die traditionelle Form des Obstanbaus sind Streuobstwiesen mit verstreut stehenden Obstbäumen. Die Bäume werden alt und groß und sind daher hochstämmig. Das Grünland unter den Bäumen wird meist extensiv genutzt. Daher bieten Streuobstwiesen vielen Insekten und Vögeln Lebensraum und Nahrung. Im modernen Obstanbau hingegen werden die Bäume in niederstämmigen Monokulturen gezogen.

Echte Quitte *(Cydonia oblonga)*

Die Quitte ist seit der Antike eine Kulturpflanze und stammt aus Südwestasien. Der Anbau ist nur in wärmeren Gegenden möglich. Die weißen oder hellrosa Blüten duften intensiv und werden 4–5 cm breit. Quitten finden bei der Herstellung von Gelees, Marmeladen oder Geleefrüchten Verwendung. Heute gibt es über 200 Kultursorten.

Kultur-Apfel *(Malus domestica)*

Der bekannteste aller Obstbäume und wichtigster Obstlieferant in den gemäßigten Klimazonen. Obwohl im Handel nur wenige Sorten erhältlich sind, existieren in Deutschland rund 1500 Apfelsorten, weltweit sind es etwa 10 000. Die Staubbeutel des Apfelbaumes sind gelb, im Gegensatz zum Birnbaum mit rotvioletten Staubbeuteln.

Kultur-Birne *(Pyrus communis)*

Nach dem Apfel ist die Birne der wichtigste Obstlieferant. Die weißen Blüten riechen unangenehm und werden bis zu 3 cm breit. Sorten mit einem hohen Gehalt an Gerbstoffen („Mostbirnen“) werden zum Klären von Most und Wein verwendet. Der Birnbaum liefert auch ein dauerhaftes und wertvolles Holz. Die Kultur-Birne ging aus Kreuzungen mehrerer europäischer und westasiatischer Wildarten hervor.

Aprikose *(Prunus armeniaca)*

Die Aprikose oder Marille stammt aus Asien. Sie braucht wintermilde und sommerwarme Lagen. In Armenien wurde der Baum schon in der Antike angebaut. Die vier größten Aprikosenproduzenten der Welt sind die Türkei, Usbekistan, Iran und Algerien. Wichtige Anbauländer in Europa sind Italien, Spanien und Griechenland.

4

5

Sauer-Kirsche *(Prunus cerasus)*

Der Baum, auch Weichselkirsche genannt, steht der Vogel-Kirsche (*Prunus avium*) nahe und wird seit der Römerzeit gepflanzt. Die weißen Blüten sind mit einem Durchmesser von 2–2,5 cm etwas kleiner als die der Vogel-Kirsche. Möglicherweise ging die Art aus einer Kreuzung zwischen der Vogel-Kirsche und einer anderen Art hervor. Der Baum wird in zahlreichen Sorten angebaut.

Pflaume *(Prunus domestica)*

Die Pflaume oder Zwetschge ist als Kulturpflanze seit der jüngeren Steinzeit bekannt. Auch die Pflaume ist keine Wildform, sondern durch Züchtung und Kreuzungen entstanden. Es gibt viele Sorten, die Früchte mit ganz unterschiedlicher Farbe und Gestalt bilden. So sind Mirabellen gelb und rund, gehören aber ebenfalls zu dieser Baumart. Wichtigster Pflaumenproduzent ist die Volksrepublik China.

6

7

Pfirsich *(Prunus persica)*

Die Heimat des wärmeliebenden Baumes ist China, wo der Baum seit 2000 v. Chr. kultiviert wird. Von dort gelangte er über Persien und Griechenland zu den Römern, die ihn nach Europa brachten. Pfirsiche und auch Aprikosen sind nicht nur Obst, denn aus den Kernen wird auch Persipan hergestellt, eine dem Marzipan ähnliche Süßware. Die Blüten sind lebhaft rosa und 2,5–3,5 cm breit.

NADELN STATT BLÄTTER

Jeder Baum kann einer dieser beiden Gruppen zugeteilt werden: Nadelbäume oder Laubbäume. Die Nadelbäume, auch Koniferen genannt, sind ursprünglicher und stammesgeschichtlich älter als die Laubbäume. Aber nicht alle Nadelhölzer besitzen Nadeln, manche Arten bilden kleine, dicht stehende Schuppenblätter.

Der fleischige **SAMENMANTEL** ist der einzige Teil der Eibe, der nicht giftig ist. Trotzdem auf keinen Fall essen! Auch der Samen darin enthält das giftige Taxin.

GEWÖHNLICHE EIBE

Nadelbaum ohne Zapfen

Taxus baccata
Eibengewächse *(Taxaceae)*

Schattendasein

Die Gewöhnliche Eibe erträgt Schatten und wächst auch noch bei 1 Prozent des Sonnenlichtes, das über einem Wald vorherrscht.

Die Gewöhnliche oder Europäische Eibe ist von allen unseren Nadelbäumen der ungewöhnlichste, weil sie keine Zapfen bildet. Stattdessen trägt der Baum kleine rote Früchte mit einem fleischigen Samenmantel. Größere Vögel und Kleinsäuger naschen an den Früchten, die Samen werden ausgeschieden und so verbreitet. Die Nadeln des Baumes sind sehr giftig, weil sie das Alkaloid Taxin enthalten. Hirschen und Rehen machen die Nadeln aber nichts aus, sie können offensichtlich das Gift physiologisch abbauen. Pferde hingegen reagieren empfindlich auf die Nadeln – für sie sind sie eine Gefahr.

breite, kegelförmige oder runde Krone

oft auch mit mehreren Stämmen

WUCHSFORM immergrüner Nadelbaum • **HÖHE** bis zu 15 m • **BORKE** grau bis rotbraun, sich in dünnen Schuppen ablösend • **BLÜTEZEIT** März–Mai • **NADELN** flach, oberseits dunkelgrün, unterseits hellgrün, 2–3,5 cm lang • **BLÜTEN** unscheinbar, männliche Blüten kugelig, weibliche Blüten knospenartig • **SAMEN** von rotem und saftigem Samenmantel umgeben, dadurch beerenartig, ca. 5 mm breit • **VORKOMMEN** steinige Hangwälder, Felsen, oft gepflanzt

EUROPÄISCHE LÄRCHE

Nadelbaum mit Herbstfarben

Larix decidua
Kieferngewächse *(Pinaceae)*

Flüssiges Harz

Das Harz der Lärche bleibt flüssig. Dieses „Venezianische Terpentin" wurde schon im Altertum genutzt, etwa zum Abdichten von Fässern.

Ein Lärchenwald an einem sonnigen Herbsttag leuchtet goldgelb, denn die Nadeln verfärben sich und fallen wie bei den Laubbäumen vor dem Winter ab. Die Lärche ist der einzige winterkahle Nadelbaum Europas. Markenzeichen aller Lärchen sind die zahlreichen Nadeln in Büscheln. Der Baum war ursprünglich nur in den Alpen heimisch, wo er bis zur Waldgrenze wächst. Er wird bis zu 600 Jahre alt und entwickelt dabei eine tiefgefurchte Borke. Sein Holz ist witterungsbeständig und findet als Schindelholz sowie – wegen der schönen Maserung – auch für Möbel und den Innenausbau Verwendung.

Lärchen in goldgelber Herbstfärbung.

kegelförmige lockere Krone

sommergrün

rotbrauner Stamm

WUCHSFORM sommergrüner Nadelbaum • **HÖHE** 25–35 m • **BORKE** zunächst grau und glatt, im Alter rotbraun, tief rissig • **BLÜTEZEIT** April–Mai • **NADELN** hellgrün, 2–3 cm lang, in Büscheln zu 30–40 Nadeln • **BLÜTEN** männliche Blütenstände hellbraun, hängend, weibliche Blütenstände rötlich, aufrecht • **ZAPFEN** 3–4 cm lang, eiförmig • **VORKOMMEN** alpine Matten, Steilhänge, in unteren Lagen oft gepflanzt

Typisch Lärche: Die **NADELN** stehen in Büscheln auf kleinen „Füßchen“, die man Kurztriebe nennt.

An der Spitze der Triebe sitzen die **MÄNNLICHEN BLÜTEN** und produzieren große Mengen an Pollen, der vom Wind davongetragen wird.

WALD-KIEFER

Lange Nadeln

Pinus sylvestris
Kieferngewächse *(Pinaceae)*

Auf und zu

Lege einen trockenen Zapfen für 2–3 Stunden in Wasser, und er wird sich vollständig schließen. Der Vorgang ist beliebig wiederholbar.

Die Wald-Kiefer ist an der rötlichen Rinde im oberen Teil leicht zu erkennen. Die langen Nadeln stehen immer zu zweit beisammen. Die Wuchsform dieses anspruchslosen Baumes hängt stark von den Bedingungen am Standort ab. Mal wächst die Wald-Kiefer kerzengerade, mal als krummer und knorriger Baum. Die männlichen Blütenkätzchen bilden eine Unmenge an Blütenstaub, der sich als hellgelber Belag auf Autos, Gehsteigen und Wasserpfützen bemerkbar macht. Die Zapfen sitzen meist direkt auf dem Ast. Die geflügelten Samen fliegen mit dem Wind und werden nur bei trockener Witterung freigegeben.

Je nach Standort wächst die Wald-Kiefer in ganz unterschiedlichen Formen.

Rinde oben rötlich

Rinde unten grauschwarz

WUCHSFORM immergrüner Nadelbaum • **HÖHE** bis zu 40 m • **BORKE** im unteren Teil grauschwarz bis dunkelbraun, nach oben hin rötlich, tief rissig und schuppig • **BLÜTEZEIT** Mai–Juni • **NADELN** 2–8 cm lang, zu zweit • **BLÜTEN** männliche Blütenstände hellbraun, weibliche Blütenstände rot, zapfenförmig • **ZAPFEN** bis zu 8 cm lang • **VORKOMMEN** Felsen, Steilhänge, Dünen, trockene Kiefernwälder, an Mooren, oft gepflanzt

Die ZAPFEN der Zirbel-Kiefer fallen geschlossen vom Baum. Am Boden machen sich Nagetiere darüber her, um an die nahrhaften Samen zu kommen.

ZIRBEL-KIEFER

Eine Kiefer mit Nüssen

Pinus cembra
Kieferngewächse *(Pinaceae)*

Lecker und schön

Die Samen sind als „Zirbelnüsse" bekannt und essbar. Das schön gemaserte Holz ist für Bauernmöbel beliebt.

Zirbel-Kiefern sind majestätische Gebirgsbäume, die über 1000 Jahre alt werden. Sie wachsen langsam und sind äußerst frosthart. Die Nadeln stehen zu fünft in einer Gruppe. Die bläulich-grünen Zapfen bleiben geschlossen und fallen erst nach drei Jahren vom Baum. Die flügellosen Samen werden dann von Tieren wie Eichhörnchen, Spechten oder Tannenhähern herausgeklaubt und als Vorrat versteckt. Die vergessenen Samen keimen und wachsen zu neuen Bäumen heran. Der Tannenhäher spielt für die Ausbreitung der Zirbel-Kiefer eine große Rolle, denn für den Vogel sind die Samen die wichtigste Nahrung.

Der Tannenhäher ernährt sich von den Samen der Zirbel-Kiefer.

wächst oft an exponierten Stellen

WUCHSFORM immergrüner Nadelbaum • **HÖHE** 10–25 m • **BORKE** zunächst hellgrau und glatt, im Alter graubraun bis rotbraun und rissig • **BLÜTEZEIT** Juni–Juli • **NADELN** 5–8 cm lang, in Büscheln zu 5 Nadeln • **BLÜTEN** männliche Blütenstände gelblich, bis zu 2 cm lang, weibliche Blütenstände blauviolett • **ZAPFEN** eiförmig, bläulich-grün, aufrecht, 5–8 cm lang, mit flügellosen Samen • **VORKOMMEN** Hochlagen und Waldgrenze der Alpen

WEISS-TANNE

Ein Gigant

Abies alba
Kieferngewächse *(Pinaceae)*

O Tannenbaum

Als Weihnachtsbaum nutzt man meist Fichten oder die aus Kleinasien stammende Nordmann-Tanne *(Abies nordmanniana)*.

Weiß-Tannen sind an der hellgrauen Borke und den aufrechten Zapfen leicht zu erkennen. Ihre Krone ist zudem rund und nicht spitz wie bei der Fichte. Die Weiß-Tanne wächst rasch, ist schattentolerant und erreicht stattliche Höhen von über 60 Meter. Dabei geht sie auch in die Breite und alte Bäume haben einen Stammdurchmesser von über drei Meter. Weiß-Tannen werden bis zu 600 Jahre alt. Alte Weiß-Tannen stehen in geschützten Wäldern der Nationalparks Schwarzwald und Bayrischer Wald. Die „Großvatertanne" im Schwarzwald ist 45 Meter hoch und mehr als 230 Jahre alt.

Typisch Tanne: Die Nadeln sind stumpf und haben auf der Unterseite zwei weiße Streifen.

Krone oben rund

wächst zu einem mächtigem Baum heran

Im Umriss schmal, schon unten verzweigt

WUCHSFORM immergrüner Nadelbaum • **HÖHE** bis zu 65 m • **BORKE** hellgrau, glatt, im Alter oft rissig • **BLÜTEZEIT** Mai–Juni • **NADELN** 10–35 mm lang • **BLÜTEN** unscheinbar, männliche Blütenstände kugelig, weibliche Blütenstände aufrecht • **ZAPFEN** 10–16 cm lang, aufrecht, am Baum zerfallend, Samen geflügelt • **VORKOMMEN** Laub- und Nadelmischwälder der mittleren und der höheren Lagen

TANNENZAPFEN stehen aufrecht auf den Zweigen und zerfallen dort. Zurück bleiben die kahlen Spindeln. Auf dem Waldboden findet man darum niemals Tannenzapfen.

FICHTENZAPFEN hängen – im Gegensatz zu Tannenzapfen (S. 97) – an den Zweigen und fallen im Ganzen auf den Boden.

GEWÖHNLICHE FICHTE

Der Baum der Kälte

Picea abies
Kieferngewächse *(Pinaceae)*

Natürliche Wälder
Naturnahe Fichtenwälder sind urwüchsig und für Vögel wie den Fichtenkreuzschnabel unabdingbar.

Die Fichte ist ein Baum, dem Kälte bis –60 Grad nichts anhaben kann. Die spitze Krone verhindert eine hohe Schneelast im Winter. So erstaunt es nicht, dass die Fichte in Nordeuropa und in Russland ausgedehnte Nadelwälder bildet. In Deutschland würde die Fichte natürlicherweise nur in den höheren Lagen der Mittelgebirge und in den Alpen vorkommen. Als raschwüchsiger Holzproduzent wurde sie aber großflächig außerhalb davon gepflanzt. Diese Bäume sind anfällig gegen Windwurf und Trockenheit, was den Borkenkäfer fördert. Die Fichte braucht für das optimale Wachstum ein kühles und feuchtes Klima.

spitze Krone

Äste leicht nach oben gebogen

gerader Stamm

WUCHSFORM immergrüner Nadelbaum • **HÖHE** bis zu 50 m • **BORKE** bräunlich bis rötlich, rau, im Alter in Platten aufreißend • **BLÜTEZEIT** April–Juni • **NADELN** dunkelgrün, 25–35 mm lang • **BLÜTEN** in Blütenständen, weibliche Blütenstände leuchtend purpurrot, männliche Blütenstände karminrot bis gelblich • **ZAPFEN** 8–15 cm lang, hängend • **VORKOMMEN** Nadelwälder, Laubmischwälder in höheren Lagen, oft gepflanzt

SUMPF-ZYPRESSE

Beliebter Parkbaum

Taxodium distichum
Zypressengewächse *(Cupressaceae)*

Besondere Exemplare
In der Stadt Brandenburg an der Havel ist die mehr als 170 Jahre alte Sumpfzypressenallee ein Naturdenkmal

In vielen Schloss- und Landschaftsgärten stehen Sumpf-Zypressen am Rande eines Teiches. Heimat dieses markanten Baumes sind Nord- und Mittelamerika, wo er am Ufer von Flüssen und Seen wächst und auch in Sümpfen gedeiht. In Florida ist er der vorherrschende Baum in den Everglades. Die Sumpf-Zypresse erträgt Überflutung und ist an eine nasse Umgebung bestens angepasst. In Stammnähe bildet sie kegelförmige Atemwurzeln oder Kniewurzeln, die dem Gasaustausch dienen. Die Wurzeln müssen mit Luft versorgt werden, was in einem nassen Boden nur schwer zu bewerkstelligen ist.

Kniewurzeln versorgen das Wurzelwerk des Baumes an feuchten Standorten zusätzlich mit Luft.

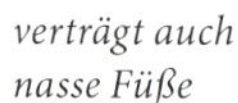

WUCHSFORM sommergrüner Nadelbaum • **HÖHE** bis zu 50 m • **BORKE** rotbraun bis hellbraun, gefurcht • **BLÜTEZEIT** Mai • **NADELN** hellgrün, 5–17 mm lang • **BLÜTEN** ca. 2 mm lang, männliche Blütenstände 8–10 cm lang, weibliche Blütenstände klein • **ZAPFEN** kugelig, 2–3 cm lang, Samen 8–15 mm lang, mit schmalen Flügeln • **VORKOMMEN** in Parks oft gepflanzt

Wie die Lärche (S. 90) ist die Sumpf-Zypresse im Winter kahl. Im **HERBST** verfärben sich ihre Nadeln rot bis braun und fallen ab.

NADELBÄUME OHNE NADELN

Nadelbäume zählen zu den Koniferen, die größte heute noch lebende Gruppe der sogenannten nacktsamigen Pflanzen. Der Name bezieht sich auf die Samenanlagen, die nicht in einem Fruchtknoten eingeschlossen sind wie bei den eigentlichen Blütenpflanzen. Manche Arten der Koniferen bilden keine Nadeln, sondern winzige Schuppenblätter.

Abendländischer Lebensbaum *(Thuja occidentalis)*
Der 6–10 m hohe Baum aus dem östlichen Nordamerika wurde bereits 1536 nach Europa gebracht. In der Jugend tragen die Zweige richtige Nadeln, später nur noch Schuppenblätter. Werden diese zerriebenen, sollen sie nach Apfelmus mit Gewürznelken duften. Die Zapfen sind mit einer Länge von 7–15 mm klein und unauffällig. Alle Teile der Pflanze sind giftig.

Virginischer Wacholder *(Juniperus virginiana)*
Von allen Arten der Gattung Wacholder ist der Virginische Wacholder die größte. In seiner Heimat, dem östlichen Nordamerika, wird er bis zu 30 m hoch und wächst in Wäldern, an Waldrändern und in Ufernähe. Der Baum wurde 1664 nach Europa eingeführt und ist heute in vielen Sorten erhältlich. Der Baum bildet kleine Zapfen von nur 3–7 mm Länge. Alle Teile der Pflanze sind giftig.

3

Sandarakbaum
(Tetraclinis articulata)

Im Atlasgebirge Nordafrikas bildet der Sandarakbaum ganze Wälder. Kleine Wildvorkommen gibt es auch im südlichen Spanien und auf Malta, wo das Gehölz als Nationalbaum gilt. Der Baum erreicht 15 m Höhe und erträgt problemlos lange Trockenperioden. In Marokko wird das Holz für Kunsthandwerk verwendet, das stark duftende Harz für Räucherwerk.

Lawsons Scheinzypresse
(Chamaecyparis lawsoniana)

Der Baum wird in seiner Heimat, den US-Bundesstaaten Kalifornien und Oregon, bis zu 50 m hoch und sein Stamm erreicht eine Mächtigkeit von 3 m. Die rotbraunen und kugeligen Zapfen werden 8–12 mm breit. Das harzfreie Holz wird für den Bootsbau, für Masten und Möbel verwendet. Der Baum ist ein wichtiges Ziergehölz, und in Europa sind rund 200 verschiedene Sorten erhältlich.

4

Riesen-Mammutbaum
(Sequoiadendron giganteum)

In manchem Park oder Privatgarten steht ein Riesen-Mammutbaum, der mächtigste Baum der Welt. Ursprünglich kommt er nur in den Nadelwäldern der kalifornischen Sierra Nevada vor. Sein Stamm erreicht 12 m Durchmesser, und der Baum wird bis zu 3000 Jahre alt. Die Zapfen öffnen sich erst nach Einwirkung von Hitze durch einen Waldbrand.

5

KLEINE BÄUME, GROSSE STRÄUCHER

Der Übergang vom Strauch zum Baum ist fließend. Viele Arten wachsen als Strauch oder bilden bei günstigen Bedingungen einen kleinen Baum. Solche Arten zeichnen sich nicht immer durch einen einzelnen Stamm aus, der kerzengerade nach oben wächst. Die Kleinen unter den Bäumen bevorzugen lichtreiche Orte wie Wald-und Wegränder, Felshänge oder Hecken.

STECHPALME

Harte und spitze Blätter

Ilex aquifolium
Stechpalmengewächse *(Aquifoliaceae)*

Bei uns wächst die Stechpalme meist als Strauch, in wintermilden Gegenden kann sie aber zu einem bis zu 10 Meter hohen Baum und dabei bis zu 300 Jahre alt werden. Die Stechpalme ist immergrün, die derben Blätter weisen harte Spitzen auf. Sie glänzen stark wegen des Wachsüberzuges, der sie vor Austrocknung schützt. Die lebhaft roten Früchte werden von Amseln gern verzehrt, die dadurch die Samen verbreiten. Früher fanden die Zweige für den Umzug am Palmsonntag Verwendung. Im Englischen heißt die Stechpalme daher „Holly", und viele Ortsnamen tragen den Namen in sich, wie in „Hollywood".

Weihnachtlich
Die Stechpalme ist heute in vielen Sorten erhältlich. Als Weihnachtsschmuck spielt sie in der Floristik immer noch eine Rolle.

lockerer Wuchs als Baum oder Strauch

Rinde silber- bis schwarzgrau

WUCHSFORM immergrüner Strauch oder Baum • **HÖHE** 2–10 m • **BORKE** silbergrau bis schwarzgrau, anfangs glatt, später längsrissig • **BLÜTEZEIT** Mai–Juni • **BLÄTTER** lederig, glänzend, bis zu 10 cm lang, Rand oft dornig gezähnt • **BLÜTEN** weiß, 6–10 mm breit, in Büscheln • **FRÜCHTE** kugelige, rote Steinfrüchte, ca. 1 cm breit • **VORKOMMEN** Laubwälder, Kiefernwälder, Waldränder

Wunderschön in Rot und Grün – doch Achtung: Alle Teile der Pflanzen, auch die **BEEREN**, sind sehr giftig!

Nur Insekten mit langen Rüsseln, wie etwa Schmetterlinge, erreichen den **NEKTAR** in den Blüten. Der Rüssel von Honigbienen ist dafür zu kurz.

GEWÖHNLICHER FLIEDER

Duftende Blütenkerzen

Syringa vulgaris
Ölbaumgewächse *(Oleaceae)*

Markenzeichen des Flieders ist der intensive und angenehme Duft seiner Blüten, der auch auf Schmetterlinge und Holzbienen anziehend wirkt. Die Heimat des Strauches oder kleinen Baumes sind die Gebirge des Balkans. Um das Jahr 900 hatten Araber die Pflanze nach Spanien gebracht, eine weitere Einführung erfolgte im 16. Jh. aus der Türkei, daher auch die Bezeichnungen Spanischer Flieder und Türkischer Flieder. Pflanzenzüchter haben seither über 500 verschiedene Sorten entwickelt, auch solche mit weißen oder gefüllten Blüten. Das harte Holz ist für Drechslerarbeiten geeignet.

üppige, duftende Blütenpracht in dichten Blütenständen

Fliedersorten mit weißen Blüten wurden von Menschen gezüchtet.

oft strauchförmig

WUCHSFORM sommergrüner Strauch oder Baum • **HÖHE** 2–6 m • **BORKE** grau bis braungrün, im Alter längsrissig • **BLÜTEZEIT** April–Mai • **BLÄTTER** herzförmig-spitz, mit Stiel • **BLÜTEN** dunkellila, in dichten Rispen • **FRÜCHTE** trockene Kapseln, 10–15 mm lang • **VORKOMMEN** häufig als Ziergehölz gepflanzt, zuweilen verwildert

SCHWARZER HOLUNDER

Teller voller Blüten

Sambucus nigra
Moschuskrautgewächse *(Adoxaceae)*

Die dunklen Früchte des Holunders sind roh giftig, gekocht aber sehr lecker.

Der anspruchslose „Hollerstrauch" wächst im Schatten wie an der Sonne und wird bei guten Bedingungen zu einem kleinen Baum: Ein Exemplar in der Eifel erreichte neun Meter Höhe. Schwarzer Holunder ist eine uralte Heilpflanze, die den alten Germanen heilig war. In Bauerngärten und an Weilern pflanzten die Menschen einen Hollerstrauch, weil man früher glaubte, er wäre der Sitz eines wohlgesinnten Hausgeistes. Die Blüten duften intensiv und werden vor allem von Fliegen und Käfern bestäubt. Die beerenartigen Früchte sind für mehr als 60 Arten von Singvögeln eine wichtige Nahrungsquelle.

oft einzeln in der Landschaft

meist mehrstämmig

WUCHSFORM sommergrüner Strauch oder Baum • **HÖHE** 2–9 m • **BORKE** hellgrau bis graubraun, längsrissig • **BLÜTEZEIT** Mai–Juni • **BLÄTTER** 10–30 cm lang, unpaarig gefiedert mit meist 5 Teilblättern, diese 6–10 cm lang, Rand gesägt • **BLÜTEN** weiß bis gelblichweiß, 6–9 mm breit, in schirmförmigen Blütenständen von 10–15 cm Breite • **FRÜCHTE** schwarze Steinfrüchte, kugelig, 5–6 mm breit, mit meist 3 Samen • **VORKOMMEN** feuchte Wälder, Hecken, Waldschläge, Wegränder, oft gepflanzt

Laut Phänologie setzt mit dem Blühbeginn des Schwarzen Holunders der **FRÜHSOMMER** ein, mit dem Reifen der ersten Früchte der Frühherbst.

Die auffälligen **BLÜTENTRAUBEN** duften, im Gegensatz zur unangenehm riechenden Rinde, ganz angenehm und locken zahlreiche Insekten an.

GEWÖHNLICHE TRAUBENKIRSCHE

Blütenwunder im Auwald

Prunus padus
Rosengewächse *(Rosaceae)*

Meist wächst die Gewöhnliche Traubenkirsche als Strauch und fällt mit den großen Blütentrauben schon von Weitem auf. Die Blüten ziehen viele verschiedene Insekten an. Die Rinde riecht faulig, daher stammen lokale Volksnamen wie Stinkholer im Hunsrück oder Faulbaum in der Eifel. Die Gewöhnliche Traubenkirsche hat ein großes Verbreitungsgebiet, das fast ganz Europa umfasst und bis nach Nordasien und Japan reicht. Für viele Schmetterlingsraupen sind Traubenkirschen wichtige Futterpflanzen, und die Früchte werden von zahlreichen Singvögeln gefressen, die so die Samen verbreiten.

Aus den Blüten entwickeln sich kleine, fast schwarze Früchte, die man nicht essen sollte.

Die Raupen von Gespinstmotten können Traubenkirschen komplett einspinnen.

WUCHSFORM sommergrüner Strauch oder Baum • **HÖHE** 1–15 m • **BORKE** schwarzgrau, glatt • **BLÜTEZEIT** April–Mai • **BLÄTTER** gestielt, eiförmig, in eine Spitze auslaufend, 3–10 cm lang, Rand fein gesägt • **BLÜTEN** weiß, in hängenden Trauben, diese 8–15 cm lang • **FRÜCHTE** kugelig, schwarzglänzend, 7–8 mm lang, mit Steinkern • **VORKOMMEN** feuchte Wälder, Auwälder, Hecken, Waldränder, Blockhalden

GEWÖHNLICHER WACHOLDER

Säulen in der Heide

Juniperus communis
Zypressengewächse *(Cupressaceae)*

Am auffälligsten zeigt sich der Gewöhnliche Wacholder in Heidelandschaften wie der Lüneburger Heide. Der säulenförmige Wuchs kontrastiert mit den Wald-Kiefern und den Eichenbäumen. In den Alpen wächst der Gewöhnliche Wacholder hingegen als niederliegender Strauch bis weit über 2000 Meter. Diese Pflanzen gehören einer Unterart an, dem Zwerg-Wacholder. Für ein Nadelgehölz ungewöhnlich sind die beerenartigen Zapfen, die drei Jahre zur Entwicklung brauchen. Als „Wacholderbeeren" sind sie ein beliebtes Gewürz in der Küche und für die Erzeugung von Wacholderschnäpsen.

WUCHSFORM immergrüner Nadelstrauch oder Nadelbaum • **HÖHE** 2–10 m • **BORKE** graubraun, rissig, sich faserig ablösend • **BLÜTEZEIT** April–August • **NADELN** 4–15 mm lang, steif • **BLÜTEN** unscheinbar, männliche gelb, 4–5 mm lang, weibliche grün, knospenähnlich • **ZAPFEN** kugelig, beerenartig und fleischig, schwarzblau, 5–8 mm breit • **VORKOMMEN** Magerrasen, Heiden, Felsgebüsche, lichte Wälder, Hochgebirgsrasen

Reife und unreife **BEERENZAPFEN** hängen gleichzeitig an den Wacholderzweigen, da sie 2–3 Jahre brauchen, bis sie reif sind.

GEWÖHNLICHE EBERESCHE

Ein Baum voller Vogelfutter

Sorbus aucuparia
Rosengewächse *(Rosaceae)*

Der kleine Baum heißt nicht umsonst auch Vogelbeere, denn im Spätsommer und Herbst sind seine Zweige mit roten Früchten geradezu überladen. Für viele Singvögel sind sie eine wichtige Nahrungsquelle und auch Eichhörnchen sammeln sie gern. Die Eberesche wächst rasch, wird aber nur etwa 80 Jahre alt. In den Alpen steigt sie bis zur Baumgrenze, bleibt dort aber meist ein Strauch. Die Eberesche ist eine von mehr als zehn Arten der Gattung *Sorbus* in Deutschland. Manche der Arten bilden natürliche Hybride und machen das Bestimmen schwer.

Lockmittel

Früher wurden mit der Eberesche Vögel zum Fangen angelockt. Auch zur Schweinemast wurde der Baum genutzt, daher der Name Eberesche.

Von Mai bis Juni erscheinen die weißen Blütenrispen.

Früchte leuchtend orange

meist wenig verzweigt

WUCHSFORM sommergrüner Strauch oder Baum • **HÖHE** 3–15 m • **BORKE** graubraun, glatt, im Alter längsrissig • **BLÜTEZEIT** Mai–Juni • **BLÄTTER** bis zu 20 cm lang, unpaarig gefiedert mit 9–17 Teilblättern, Rand gesägt • **BLÜTEN** weiß, ca. 1 cm breit, in flachen Blütenständen mit mehr als 200 Blüten • **FRÜCHTE** kugelig, scharlachrot, 9–10 mm breit • **VORKOMMEN** Laub- und Nadelwälder, Waldränder, Waldschläge, felsige Orte, auch gepflanzt

Bis in den späten Herbst hinein hängen die **FRÜCHTE** der Eberesche an den Zweigen und sind eine wichtige Nahrungsquelle für viele Vögel.

Für viele Bienen liefern die **BLÜTEN** der Sal-Weide das erste Futter im Jahr: Hier finden sie reichlich Nektar und auch Pollen.

SAL-WEIDE

Segen für Wildbienen

Salix caprea
Weidengewächse *(Salicaceae)*

Raupen-Futter
Die Sal-Weide ist eine wichtige Futterpflanze für mehr als 60 Arten an Schmetterlingen, deren Raupen an der Weide fressen.

Die Blütenknospen kennt man als „Palmkätzchen".

Meist trifft man die Sal-Weide als Strauch an. An den breiten Blättern ist sie leicht erkennbar. Sie wächst rasch und abgeschnittene Zweige bewurzeln sich leicht, wenn sie in den Boden gesteckt werden. Das wird zur Ufer- und Hangbefestigung genutzt. Wie bei allen Weiden gibt es Individuen mit nur männlichen oder nur weiblichen Blüten. Beide produzieren Nektar und erscheinen vor dem Laub. Im zeitigen Frühjahr gehört die Sal-Weide für Honig- und Wildbienen zu den ersten Futterpflanzen. Die winzigen Samen mit angehefteten Haaren fliegen bis zu zehn Kilometer mit dem Wind.

breite, rundliche Krone

oft mehrere Stämme

WUCHSFORM sommergrüner Strauch oder Baum • **HÖHE** 3–10 m • **BORKE** grau bis braunschwarz, längsrissig • **BLÜTEZEIT** März–April • **BLÄTTER** gestielt, länglich bis breit-eiförmig, 3–11 cm lang und 2–5 cm breit • **BLÜTEN** in Kätzchen, diese 2–3 cm lang und entweder männlich oder weiblich • **FRÜCHTE** trockene Kapseln, mit kleinen Samen, diese mit langem Haarschopf • **VORKOMMEN** feuchte Wälder, Waldschläge, Kiesgruben, Steinbrüche

SERVICE

SERVICE

Nützliche Internet-Adressen

www.NABU.de/gruppen
https://www.pflanzen-deutschland.de
Pflanzenprotal für die heimische Flora.

www.deutschlands-natur.de
Der Naturführer für Deutschland, mit Infos zu Pflanzen und Lebensräumen.

www.floraweb.de
Umfangreiche Informationen zur Flora Deutschlands.

www.bund-naturschutz.de
BUND Naturschutz in Bayern e.V.

www.nabu.de
Naturschutzbund Deutschland.

www.waldwissen.net
Informationen für die Forstpraxis.

www.waldhilfe.de
Wissenswertes über Wälder und Naturschutz.

www.baumkunde.de
Bestimmungshilfe zum Erkennen der Baumarten.

www.sdw.de
Schutzgemeinschaft Deutscher Wald.

www.forstwirtschaft-in-deutschland.de
Infos zur Forstwirtschaft und Bedeutung der Wälder.

Zum Weiterlesen

E. Weber (2016): **Das kleine Buch der botanischen Wunder**. 171 Seiten, C.H. Beck Verlag.

E. Weber (2018): **Die Pflanze, die gern Purzelbäume schlägt ... und andere Geschichten von Seidelbast, Walnuss & Co.** 240 Seiten, oekom Verlag.

E. Weber (2022): **Wo die wilden Pflanzen wohnen. Geschichten über Kratzdistel, Besenginster & Co.** 256 Seiten, oekom Verlag.

Patenschaften

Um bedrohten Tier- und Pflanzenarten das Überleben zu ermöglichen, engagiert sich der NABU für den Schutz der Wälder. Mit einer Patenschaft kann man mithelfen, diesen faszinierenden Lebensraum zu bewahren. Weitere Informationen unter www.NABU.de

M. Spohn (2023): **Die siehst du! Bäume. 85 Arten um dich herum.** 192 Seiten, KOSMOS.

W. u. E. Dreyer (2019): **Der Kosmos Waldführer. 550 Tiere, Pflanzen und Pilze.** 384 Seiten, KOSMOS.

J. Mayer u. H. Schwegler (2018): **Welcher Baum ist das? 600 Bäume, Sträucher und Gartengehölze.** 320 Seiten, KOSMOS.

M. Bosch (2020): **Bäume am Blatt erkennen. 78 Arten mit Blättern in Lebensgröße.** 128 Seiten, KOSMOS.

H. Haag (2022): **Einfach Bäume. 100 Arten, die jeder kennen möchte.** 128 Seiten, KOSMOS.

M. Bachofer u. J. Mayer (2021): **Der Kosmos Baumführer. 370 Bäume und Sträucher Mitteleuropas.** 288 Seiten, KOSMOS.

REGISTER

NABU
NABU
Macht Spaß. Macht Sinn.
Die Natur schützen mit dem
NABU. Mach mit!
www.NABU.de/aktiv

IMPRESSUM

Umschlaggestaltung von Gramisci Editorial Design, München, unter Verwendung eines Fotos von Claret Castell/Stocksy.

Mit 168 Farbfotos: 3 von **Adobestock** (Achraf Elmerouani (103 o.), AVTG (7), Lioneska (120/121)), 4 von **Andreas Bärtels** (30 u., 36u, 77, 114), 1 von **Fotostudio Dominique Prokopy** (Außenklappe hinten), 36 von **Frank Hecker** (13, 14 re., 15 re., 22, 24 li., 28 re., 34 re., 35, 42 o., 43, 45 re., 50 li., 56 o., 57, 61, 67 o. re., 67 u. re., 73, 83 re., 85 mi. re., 88, 91, 92, 94, 95 re., 96 li., 98, 102 o., 109 li., 110 o., 112, 113 o., 115, 116 re., 118, 120/121), 4 von **Heiko Bellmann/Frank Hecker** (67 o. li., 107, 111, 113 u. li.), 4 von **Norbert Griebl** (26, 37 mi. re., 76 li., 103 mi.), 57 von **Roland Spohn** (20, 21, 23, 24 re., 27, 28 li., 31, 33 li., 34 li., 36 o., 37 o., 37 mi. li., 37 u., 40 li., 41, 42 u., 44, 45 li., 46 li., 47, 49, 50 re, 51, 52 u., 53 mi. li., 56 u., 59, 60, 62 u., 65, 70 re., 72 re., 74, 76, 76 re., 79 re., 83 li., 84 o., 84 mi., 85 mi. li., 89, 90 re., 93 re., 95 li., 96 re., 99, 100 li., 100 re., 101, 102 u., 106, 109 re., 110 u., 113 u. re., 116 li., 119 o., 119 u.), 58 von **shutterstock** (AB-7272 (78), Africa Studio (86/87), Alexander Denisenko (52 o.), AnnaNel (63), areny-sam (97), Bildagentur Zoonar GmbH (9 u.), Birgit Reitz-Hofmann (104/105), Borsuk Renat (12), Branislav Cerven (38/39), D. Kucharski K. Kucharska (67 mi.), Dariusz Leszczynski (82), Dina Rogat-nykh (29), Dudarev Mikhail (2/3), EuskalFotos (14 li.), Gabriela Beres (33 re.), ganjalex (66 mi.), Guenter Albers (122/123), htmSana (18/19), Ihor Hvozdetskyi (15 li., 80 o.), Irina Borsuchenko (66 u.), Iryna Loginova (85 o.), Iva Vagnerova (68/69), jessicahyde (48), Juan Carlos Munoz (93 li.), Julia Senkevich (84 u.), KRIACHKO OLEKSII (108), Kristin Westby (32), Lara J (53 u.), LariBat (79 li.), Lena Havryliuk (53 mi. re.), Malte Flenders (Innenklappe hinten), Marinodenisenko (53 o.), Matauw (81), meiningi (67 u. li.), Mlle Sonyah (40 re.), Nast Egle (66 o.), Nikolina Mrakovic (25), nnattalli (64), NOPPHARAT539 (46 re.), Olga Miltsova (54/55), photolike (11), Picmin (85 u.), Piotr Grzempowski (71), PJ photography (9 o., Umschlagrückseite), Robert Biedermann (72 li.), Serg64 (80 u.), simona pavan (58), Suratwadee Rattanajarupak (10), Swetlana Wall (4), Tamara Kulikova (103 u.), tetrisfun (30 o.), Tony Baggett (Außenklappe vorne), TrotzOlga (70 li.), Virrage Images (8), Vishnevskiy Vasily (117), Dark_Side (62 o.), kato08 (90 li.).
40 Fotos der Arten und die Arten auf den 5 Themenseiten sind außerdem auf der vorderen und hinteren Umschlagklappe innen noch einmal abgedruckt.

Unser gesamtes Programm finden Sie unter **kosmos.de**
Über Neuigkeiten informieren Sie regelmäßig unsere Newsletter,
einfach anmelden unter **kosmos.de/newsletter**

* Quelle: Media Control MC Metis, Deutschland, FY 2021, WG 420- Natur und WG 422-Naturführer, Umsatz

Gedruckt auf chlorfrei gebleichtem Papier

ISBN 978-3-440-17587-3
Projektleitung und Lektorat: Lisa Hummel
Grundlayout: Walter Typografik & Grafik GmbH
Layoutanpassung: Katrin Kleinschrot
Satz: Robert Fischer (www.vrb-muenchen.de)
Produktion: Markus Schärtlein
Druck und Bindung: Longo AG, Bozen
Printed in Italy / Imprimé en Italie

DIE BÄUME AUF EINEN BLICK

NEUBÜRGER

Seite 36/37

Götterbaum

Hanfpalme

BÄUME DES SÜDENS

Seite 52/53

Ölbaum

Stein-Eiche

EINHEIMISCHE LAUBBÄUME

Seite 66/67

Flaum-Eiche

Winter-Linde

OBSTBÄUME

Seite 84/85

Quitte

Kultur-Apfel

NADELBÄUME OHNE NADELN

Seite 102/103

Lebensbaum

Virginischer Wacholde